파스칼이 들려주는
순열 이야기

류송미 지음

NEW
수학자가 들려주는
수학 이야기
15

파스칼이 들려주는
순열 이야기

㈜ 자음과모음

수학자라는 거인의 어깨 위에서
보다 멀리, 보다 넓게 바라보는
수학의 세계!

수학 교과서는 대개 '결과'로서의 수학을 연역적으로 제시하는 경향이 강하기 때문에 학생들은 수학이 끊임없이 진화해 왔다고 생각하기 어렵습니다. 그렇지만 수학의 역사는 하나의 문제가 등장하고 그에 대해 많은 수학자가 고심하고 이를 해결하는 가운데 새로운 아이디어가 출현해 온 역동적인 과정입니다.

〈NEW 수학자가 들려주는 수학 이야기〉는 수학 주제들의 발생 과정을 수학자들의 목소리를 통해 친근하게 이야기 형식으로 들려주기 때문에 학생들이 수학을 '과거 완료형'이 아닌 '현재 진행형'으로 인식하는 데 도움이 될 것입니다.

학생들이 수학을 어려워하는 요인 중의 하나는 '추상성'이 강한 수학적 사고의 특성과 '구체성'을 선호하는 학생의 사고 사이에 존재하는 간극이며, 이런 간극을 줄이기 위해서 수학의 추상성을 희석시키고 수학 개념과 원리의 설명에 구체성을 부여하는 것이 필요합니다.

〈NEW 수학자가 들려주는 수학 이야기〉는 수학 교과서의 내용을 생동감 있게 재구성함으로써 추상적인 수학을 구체성을 갖는 수학으로 변모시키고 있습니다. 또한 중간중간에 곁들여진 수학자들의 에피소드는 자칫 무료해지기 쉬운 수학 공부에 윤활유 역할을 해 줄 것입니다.

〈NEW 수학자가 들려주는 수학 이야기〉의 구성을 보면 우선 수학자의 업적을 개략적으로 소개하고, 6~9개의 강의를 통해 수학 내적 세계와 외적 세계, 교실 안과 밖을 넘나들며 수학 개념과 원리를 소개한 후 마지막으로 강의에서 다룬 내용을 정리합니다.

이런 책의 흐름을 따라 읽다 보면 각각의 도서가 다루고 있는 주제에 대한 전체적이고 통합적인 이해가 가능하도록 구성되어 있습니다. 〈NEW 수학자가 들려주는 수학 이야기〉는 학교 수학 교과 과정과 긴밀하게 맞물려 있으며, 전체 시리즈를 통해 학교 수학의 많은 내용들을 다룹니다. 따라서 〈NEW 수학자가 들려주는 수학 이야기〉를 학교 수학 공부와 병행하면서 읽는다면 교과서 내용의 소화 흡수를 도울 수 있는 효소 역할을 할 것입니다.

뉴턴이 'On the shoulders of giants'라는 표현을 썼던 것처럼, 수학자라는 거인의 어깨 위에서는 보다 멀리, 넓게 바라볼 수 있습니다. 학생들이 〈NEW 수학자가 들려주는 수학 이야기〉를 읽으면서 각 수학자의 어깨 위에서 보다 수월하게 수학의 세계를 내다보는 기회를 갖기를 바랍니다.

홍익대학교 수학교육과 교수 | 《수학 콘서트》 저자 박경미

세상의 진리를 수학으로 꿰뚫어 보는 맛 그 맛을 경험시켜 주는 '순열' 이야기

수업 중에 조금 어렵거나 이해하기 어려운 내용이 나오면 학생들은 다음과 같이 말합니다.

"선생님, 그거 왜 해요? 그거 몰라도 사는 데 전혀 문제없죠?"

저는 그런 말 하는 학생들이 안타까웠습니다. 왜 배우는지가 궁금한 게 아니라 단지 설명이나 개념이 어렵거나 재미없다는 게 그들이 수업을 통해 느끼는 것이었습니다.

하지만 수학은 우리가 살아가는 데 큰 도움을 주고 꼭 필요한 것입니다. 수학이 어디에 숨어 있고 어떻게 활용되고 있는지를 이야기하자면 이 책보다 더 두꺼운 책을 써야 할지도 모릅니다. 수학이 우리에게 매우 중요하고 필요한 것이라는 것을 여러분이 이해한다 하더라도 그것이 수학을 열심히 공부할 수 있게 하는 직접적인 힘이 되지 못한다는 것을 알고 있습니다. 그러나 수학 공부가 단지 힘들고 재미없는 일만은 아니라는 것, 채소가 고기보다 맛이 덜하더라도 우리 몸에 꼭 필요하고 없어서는 안 될 '먹기 싫은 것'이라는 사실을 생각해 봅시다.

우리가 이제부터 이 책을 통해 공부하려고 하는 순열도 마찬가지입니다. 일상생활에서 어떤 일이 일어날 수 있는 경우의 수를 센다는 것은 굉장히 중요한 일입니다. 내가 어떤 상황을 맞이하였을 때 대처할 수 있는 모든 경우의 수를 알 수 있다면 그 상황을 해결해 나가는 방법을 찾는 데 매우 큰 도움이 될 것입니다. 순서가 있는 특별한 상황에서 경우의 수를 구할 때 도움을 주는 것이 바로 우리가 배울 순열입니다.

저는 여러분이 이 책을 공부할 때 '순열이 시험에 중요해서 배워야겠구나.'라고 생각하기보다는 '막상 순열을 공부해 보니깐 꽤 재미있는데? 이해하기도 어렵지 않은데?'라는 생각을 가지게 되었으면 합니다.

'몸에 좋은 약은 입에 쓰다.'라는 속담이 있죠? 몸에 좋다고 먹기 싫은 쓴 약을 억지로 먹는 것보다 쓴맛을 제거해서 먹을 수만 있다면 먹기도 좋고 즐거운 마음으로 먹으니깐 몸에는 더 좋지않을까요?

이 책이 순열의 쓴맛을 제거하는 역할을 조금이나 할 수 있으면 좋겠습니다. 나중에 고등학교에 올라가서 순열을 배우게 될 때 이 책을 읽었던 경험이 조금이나마 도움이 되길 바랍니다.

류송미

차례

1 이 책은 달라요

《파스칼이 들려주는 순열 이야기》는 프랑스의 위대한 수학자 파스칼이 민성이라는 학생과 생활하면서 겪는 문제 상황을 통하여 경우의 수를 세는 방법의 한 가지인 순열의 수를 구하는 방법을 알려 줍니다. '이웃한다' 또는 '이웃하지 않는다'는 조건이 있을 때, 중복을 허용될 때, 같은 것이 있을 때와 이를 이용하여 가장 빨리 가는 길의 개수를 구하기, 마지막으로 원형의 형태로 나열할 때에 경우의 수를 구하는 방법을 알려 주는 일곱 번의 수업을 담고 있습니다.

우리는 (2+3)이나 (3+2) 모두 5로 같다는 것을 압니다. 순서를 바꾸어서 더하더라도 그 결과는 같습니다. 하지만 실생활에서는 순서를 바꾸었을 때 그 결과가 같지 않은 경우도 많습니다. 예를 들어, 숙제하고 텔레비전을 보는 것과 텔레비전을 보고 나서 숙제하는 것은 부모님 태도에 많은 차이를 줍니다. 이렇게 순서가 있는 상황에서 경우의 수를 셀 때 도움을 주는 것이 바로 순열입니다.

순열은 교육 과정상 고등학교에서 배우게 되는 단원입니다. 따라서 민성이가 겪는 순서가 있는 상황에서 경우의 수를 구해 나가는 과정을 통해 순열의 수를 구하는 방법을 자연스럽게 알 수 있도록 설명해 놓았습니다. 또한 한 단원을 민성이가 하루에 겪는 일로 구성함으로써 하루 동안 있었던 일을 써 내려간 일기를 읽는 것처럼 조금 더 친숙하고 부담 없이 순열을 배울 수 있도록 하였습니다.

순열의 수를 구하는 방법은 쉽지만 다양한 상황 속에서 어떻게 적용하는지를 판단하는 것은 어려운 일입니다. 실제로 고등학교에서 공부하고 있는 학생들도 느끼고 있는 힘든 점이기도 합니다. 이 책의 쉽고 자세한 설명은 비슷한 상황에서도 문제 상황을 해결할 수 있도록 하는 데 도움을 줄 것입니다.

2 이런 점이 좋아요

❶ 공식을 먼저 알고 문제를 푸는 교과서적인 전개 방식이 아닌 실생활의 문제 해결 상황에서 자연스럽게 공식을 알 수 있도록 하였습니다.

② 자연스럽게 이해한 공식을 적용할 수 있도록 실생활의 예를 많이 실었습니다.

③ 난이도가 있는 문제 상황도 넣고 이를 쉽게 설명함으로써 고등학교에서 배우는 내용과 거리감이 적게 느껴지게 하였습니다.

3 교과 연계표

학년	단원(영역)	관련된 수업 주제 (관련된 교과 내용 또는 소단원명)
고1	자료와 가능성	순열과 조합

4 수업 소개

1교시 확률의 뜻과 합의 법칙, 곱의 법칙

확률은 어떤 사건이 일어날 가능성을 수로 나타낸 것입니다. 확률을 구하려면 경우의 수를 알아야 합니다. 주사위를 던지는 상황을 제시하고 수형도를 통해 경우의 수를 세는 방법을 알아봅니다. 학교에 가는 교통수단을 선택하는 상황을 통해 경우의 수를 구하는 데 도움을 주는 합의법칙과 곱의 법칙에 대하여 알아봅니다.

- 선행 학습 : 두 가지 선택을 한꺼번에 나타낼 때 필요한 순서쌍의 개념을 이해해야 합니다. 경우의 수를 구조적으로 구하는 데 도움을 주는 수형도를 능숙하게 그릴 수 있어야 합니다.

- 학습 방법 : 주사위 1개와 2개를 던질 때의 확률을 구하는 과정을 표를 통해서 파악할 수 있도록 노력합니다. 두 사건이 일어나는 경우의 수를 구할 때 합의 법칙과 곱의 법칙을 적용함에 있어서 어떤 차이점이 있는지 인지하면서 알아봅니다.

2교시 순열의 뜻과 공식

어떤 상황에서 대상을 나열할 때 순열이라고 하는지 압니다. 몇 자리 자연수 만들기, 이어달리기 선수 뽑기 상황 속에서 순열이 어떻게 적용되는지 순열의 수를 구하는 방법을 활용하여 각각의 경우의 수를 구합니다.

- 선행 학습 : 1부터 n까지의 자연수의 곱을 n의 계승이라 합니다. 첫 번째 수업에서 공부한 곱의 법칙을 이해해야 합니다.
- 학습 방법 : '순서가 있다'라는 뜻을 실생활의 예를 생각해 가면서 잘 이해해야 합니다. 주변에서 일어나는 경우의 수를 셀 수 있는 상황들 중에 순열을 적용할 수 있는 예를 찾아봅니다.

3교시 이웃하는 순열과 이웃하지 않는 순열

어떤 대상을 일렬로 나열시킬 때 이웃해야 된다는 조건이 있을 때와 이웃하지 않아야 된다는 조건이 있을 때 두 번째 수업에서 배운 순열의 수를 활용하여 경우의 수를 세는 방법을 배웁니다.

- 선수 학습 : 계산할 때 자리를 바꾸어서 계산해도 된다는 것을 교환

법칙이라 부릅니다.

- 공부 방법 : 순열의 수를 구할 때 '이웃한다'는 조건과 '이웃하지 않는다'는 조건이 있을 때 해결하는 방법의 차이를 압니다.

4교시 중복순열

어떤 대상을 선택할 때 여러 번 선택할 수 있습니다. 이것을 중복을 허용해서 택한다고 합니다. 중복을 허용하는 순열을 중복순열이라고 합니다. 중복순열의 수는 보통의 순열의 수와 어떤 차이점이 있는지 압니다.

- 선행 학습 : 어떤 수나 문자를 반복해서 여러 번 곱하는 것을 거듭제곱이라 합니다. 중복순열의 수는 거듭제곱을 이용하여 나타낼 수 있습니다.
- 학습 방법 : 중복을 허용한다는 말이 직접적으로 문제 상황 속에 드러나 있는 경우는 많지 않습니다. 중복을 허용하는 상황을 알려 주는 말을 잘 판단해야 합니다. 중복순열의 수를 적용할 때 전체 대상이 되는 숫자와 선택하는 개수가 되는 숫자를 잘 판별해야 합니다.

4교시 같은 것이 있는 순열

선택해야 되는 대상에 같은 것이 여러 개 있을 수 있습니다. 같은 것끼리 자리를 바꾸는 것은 다른 경우로 볼 수 없습니다. 같은 것이 있는 순열의 수가 보통의 순열의 수와 어떤 차이점이 있는지 압니다.

- 선행 학습 : 어떤 상황에서 합의 법칙과 곱의 법칙을 각각 적용하는
지 이해합니다.
- 학습 방법 : 같은 것이 있는 순열의 수를 구하는 방법은 전체 대상을
모두 나열할 때만 이용할 수 있습니다. 전체 중에 일부분만 선택되
는 문제를 해결할 때는 같은 것의 개수가 다를 수 있는 경우로 세분
화시켜서 각각을 따로 구해 줘야 합니다. 전체를 세분화시키는 연습
을 많이 해야 합니다.

6교시 직사각형 도로망에서 최단 경로 문제

같은 방향으로 가는 길을 같은 것이라고 보면 가장 빠른 길을 찾는 것
은 같은 것이 있는 순열이 되는 것을 이해합니다. 꼭 지나가야 한다와 지
나가면 안 된다는 조건이 있을 때 문제 해결 방법을 이해합니다.

- 선행 학습 : 어떤 상황에서 합의 법칙과 곱의 법칙을 각각 적용하는
지 이해합니다.
- 학습 방법 : 같은 것을 나열한 한 경우가 어떤 경로에 해당되는지, 이
렇게 가는 가장 빠른 길을 나열하면 어떤 배열이 되는지 대응시켜
보면 이해가 더 쉽습니다. 중간에 장애물이 있는 경우에 꼭 지나가
야 되는 몇 개의 점을 찾는 연습을 중점적으로 해 봅니다.

원순열의 개수 구하기

이제까지 배웠던 순열은 서로 다른 대상을 한 번씩만 뽑든 여러 번 뽑을 수 있든 같은 것이 있든 간에, 나열하는 방법은 모두 일렬로 나열하는 것이었습니다. 이제는 나열하는 방법을 바꿔서 원형으로 나열할 때 순열의 수를 구하는 방법을 공부합니다.

- **선행 학습** : 주사위는 마주 보는 면의 합이 7이 되어야 합니다. 이것을 '주사위의 7점 원리'라고 합니다.

- **학습 방법** : 원순열의 수를 구하는 방법을 알아볼 때는 회전시켜서 같은 경우가 되는 것을 알아봐야 합니다. 이것은 정적인 평면에 쓰이는 책에서는 직접 하기 힘들므로 직접 그림을 그려서 회전시켜 보면 더 이해가 잘 됩니다.

파스칼을 소개합니다

Blaise Pascal(1623~1662)

18세기 프랑스를 대표하는 수학자인 파스칼은 '파스칼의 삼각형'으로 유명하다.

그는 확률론이라는 근대 수학 분야를 창시한 장본인이기도 하다.

파스칼은 세계 최초로 디지털 계산기를 발명했다.

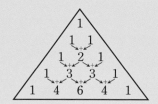

여러분, 나는 파스칼입니다

　여러분, 나는 파스칼입니다

'인간은 생각하는 갈대다.'

　인간은 다른 동물들보다 힘이 약해 마치 갈대처럼 연약한 존재이지만, 한편으로는 다른 동물들은 가지지 못한 '생각하는 힘'을 가졌기에 지금처럼 그들보다 번창할 수 있었습니다. '인간은 생각하는 갈대다.' 이 말은 나 파스칼이 한 유명한 말입니다.

　나는 1623년 프랑스에서 태어났습니다. 어머니께서 일찍 돌아가셨기 때문에 유명한 변호사였던 아버지에게서 모든 교육을 받았습니다. 아버지는 언어와 문학 교육을 중요하게 생각해 열다섯 살 이후로 수학을 공부하게 되면서 그와 관련된 책들을 모두 치워 버렸습니다. 하지만 나는 그와 같은 아버지의 행동으로 인해 오히려 수학에 대한 호기심이 더 커졌던 것 같습니다. 나는 아버지 몰래 수학 공부를 했습니다. 배우지도 않고 삼각형의 내각의 합이 180°인 것을 증명해 내기도 했습니다. 나의 이런 수학에 대한 열정에 아버지는 유클리드가 쓴 《기학학원론》이라는 유명한 수학책을 내 손에 쥐여 주었습니다.

여러분과 비슷한 나이인 열네 살부터 나는 아버지를 따라 수학자들의 모임에 참석하기 시작했고, 이때 페르마라는 수학자를 만나 후에 이 책에서 다루고 있는 내용인 확률론의 기초를 다지기도 했습니다. 열여섯 살 때 〈원뿔곡선의 기하학〉이라는 논문을 써 냈고 열여덟 살 때 세계 최초의 디지털 계산기를 발명했습니다.

스물한 살에는 토리첼리의 실험에 관심을 가지게 되어 진공 문제에 흥미를 가지고 물리학에도 능력을 발휘하여 '파스칼의 원리'를 만들어 냈습니다.

어릴 때부터 허약했던 나에게 이렇게 활발한 활동이 무리였나 봅니다. 건강 악화로 인해 스물일곱 살부터는 모든 학문 활동을 중단할 수밖에 없었습니다. 수학과 과학에 대한 연구를 중단하고 오로지 종교적인 명상에 자신을 바칠 것을 맹세하게 됩니다.

그러다 잠시 수학으로 돌아와 페르마와 편지를 주고받으면서 확률론의 수학적 이론의 기초를 다졌으며 파스칼의 삼각형에 대한 논문을 발표하기도 했습니다.

사람들은 나를 역사상 가장 위대한 수학자가 될 뻔했던 사람이라 합니다. 내가 허약 체질이 아니었다면, 조금만 더 오래 살았더라면, 끊임없이 수학에 대한 연구를 계속했다면 말이죠.

하지만 나는 아파서 잠을 이루지 못하는 날에도 수학 문제를 풀면서 고통을 잊었습니다. 여러분도 호기심과 열정을 가지고 이 수업을 같이 해서 순열에 대해서는 나 파스칼만큼 잘 알 수 있게 되길 빕니다.

자, 그럼 지금부터 나와 함께 재미있는 순열로의 여행을 시작할까요?

나는 1623년 프랑스에서 태어났습니다.

여보……
흑흑.

다들 왜 슬퍼하지?

아이에게 엄마가 없으니 교육은 내가 책임져야겠군.

우선 언어와 문학이 중요하니 수학은 열다섯 살 이후에 공부하렴.

아버지는 왜 수학 공부를 못 하게 하시지? 그러니 더 궁금한걸?

네가 정말 혼자 증명했어? 대단하구나.

수학은 정말 재미있다. 내가 삼각형의 내각의 합은 180°임을 증명했어.

수학에 재능이 있으니 유클리드의 《기하학 원론》을 읽어 보렴.

와, 저 아이가 <원뿔곡선의 기하학>이라는 논문을 썼단 말이야?

열여섯 살이 썼다는 것을 믿을 수가 없군.

열여덟 살에는 세계 최초의 디지털 계산기를 발명하기도 했답니다.

수학을 하던 파스칼이 왜 토리첼리의 실험에 관심을 갖지?

알아냈어! 이것을 '파스칼의 원리'라고 부르자.

수학이 모든 학문의 기초라는 말이 틀린 말은 아닌가 보군.

허약한 나에게 이렇게 활발한 활동은 무리인가 보군. 연구를 중단하고 명상에 나 자신을 바쳐야겠어.

콜록 콜록

파스칼의 수학에 대한 열정은 막을 수가 없군.

페르마

페르마와 편지를 주고받으며 확률론의 기초를 다지게 됐어.

으, 몸이 아파 잠이 오질 않아.

수학 문제를 풀며 고통을 잊어야겠어.

허약 체질이 아니었다면 가장 위대한 수학자가 될 뻔한 사람이었는데……

파스칼

그러게, 조금만 더 오래 살았으면 좋았을 것을.

나처럼 수학에 대해 호기심과 열정을 가지고 순열로의 여행을 시작해 볼까요?

파스칼의 개념 체크

23

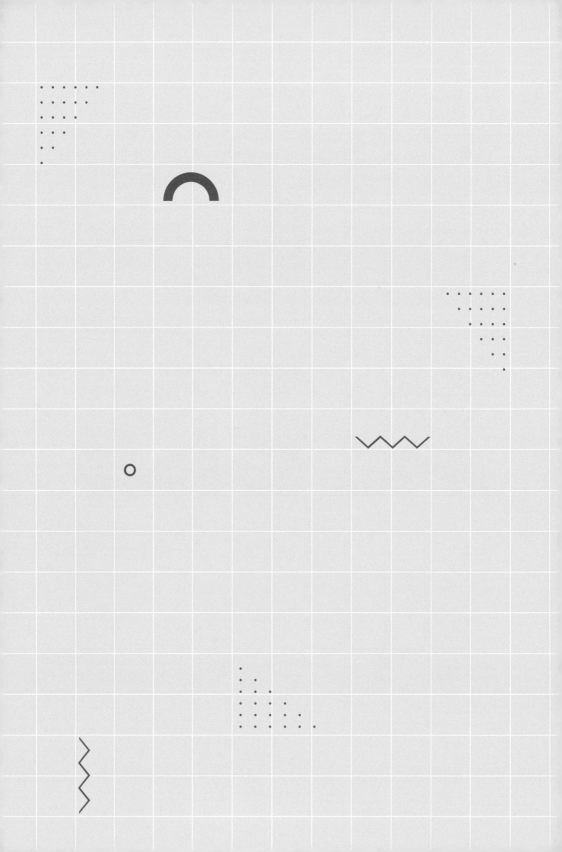

1교시

확률의 뜻과
합의 법칙,
곱의 법칙

확률과 경우의 수를 구하는 데 필요한
합의 법칙과 곱의 법칙에 대하여 알아봅시다.

1. 1개의 주사위와 2개의 주사위를 던질 때에 각각의 눈이 나올 확률을 구해 봅니다.
2. 학교에 가는 교통수단을 선택하는 경우의 수를 구해 보면서 합의 법칙과 곱의 법칙을 이해합니다.

미리 알면 좋아요

1. **순서쌍** 두 수를 괄호로 묶은 것을 말합니다. (a, b)의 형태를 띄는 것으로, 순서가 있기 때문에 (a, b)와 (b, a)는 서로 다른 값을 나타냅니다.

2. **수형도** 점과 선으로 연결한 나뭇가지 모양의 그림을 말합니다. 모든 경우의 수를 나무에서 가지가 뻗어 나가는 모양의 그림을 그려서 나타낼 때 쓰입니다.

파스칼의
첫 번째 수업

민성이와 준영이는 무엇을 하고 놀까 고민하다가 책상 위에 놓여 있는 빨간색 주사위와 파란색 주사위를 발견하고는 빨간색 주사위를 가져와 주사위를 계속 던졌을 때 어떤 눈이 제일 많이 나오는지 알아맞히는 게임을 시작합니다. 둘은 각자 자신이 좋아하는 숫자에 거는데 민성이는 1에, 준영이는 3에 걸었습니다.

우리도 한번 주사위를 던져 볼까요?

주사위가 있다면 직접 던져 볼 수도 있겠지만 여러분의 상상 속에서도 충분히 가능한 일입니다.

주사위는 6개의 면을 가진 정육면체입니다. 주사위에 어떤 속임수를 쓰지 않는 이상 어떤 면도 특별히 유리하다고 할 수 없습니다. 바꿔 말하면 6개의 면이 나올 가능성은 같다고 할 수 있습니다. 결국 민성이가 선택한 1과 준영이가 선택한 3의 면은 똑같은 횟수가 나올 것이라 예상할 수 있습니다.

물론 직접 던져 보면 어느 한쪽이 더 많이 나올 수도 있습니다. 하지만 던져 보지 않는 이상 어느 면이 더 많이 나올 것이라고 확신할 수는 없습니다. 마법이라도 부리지 않는 이상 어떤 눈이 제일 많이 나올지 정확하게 맞힐 수는 없겠죠. 다만 모든 면이 나올 가능성은 같다고 그 가능성을 예상할 뿐이지요.

그럼 주사위에서 가능성을 예상해 볼까요? 주사위의 6개의 면에는 1부터 6까지 눈이 그려져 있습니다. 각 면은 여섯 번 중에 한 번씩 나올 가능성이 있습니다. 아래의 표와 같이 나타내 보도록 하겠습니다.

1	2	3	4	5	6
$\frac{1}{6}$	$\frac{1}{6}$	$\frac{1}{6}$	$\frac{1}{6}$	$\frac{1}{6}$	$\frac{1}{6}$

윗줄에 적힌 1부터 6까지의 숫자 하나하나는 사건이라 부릅니다. 그리고 아랫줄에 적힌 분숫값은 그 사건이 일어날 가능성을 수로 나타낸 것입니다. 수학자들은 어떤 일이 일어날 가능성을 수로 나타낸 것을 확률이라고 부릅니다. 확률은 분모는 모든 사건이 일어나는 경우의 수, 분자는 특정한 사건이 일

어나는 경우의 수로 가지는 분숫값으로 구해집니다. 즉, 주사위 하나를 던졌을 때, 한 면이 나올 확률은 분모는 6, 분자는 1로 가지는 $\frac{1}{6}$이 되는 것이지요.

주사위의 모든 눈이 나올 확률은 똑같다는 것을 알게 된 민성이와 준영이는 주사위 놀이가 시시해졌습니다. 그때, 민성이는 문득 주사위가 2개라는 사실을 기억해 냈습니다. 그러고는 파란색 주사위를 가져와 준영이에게 빨간색과 파란색 2개의 주사위를 던져서 나온 눈의 합을 맞히는 게임을 하자고 합니다. 준영이는 이번에도 모든 눈이 나올 확률은 같을 것이라며 게임을 하기 싫어합니다. 하지만 민성이가 계속 졸라 대자 어쩔 수 없이 게임을 시작합니다. 민성이는 항상 7에 걸었고, 내기에서는 준영이가 지고 맙니다.

주사위를 2개 던지는 것은 1개를 던지는 것과 왜 다른 결과가 나왔는지 한번 알아보겠습니다. 주사위를 두 번 던져서 나온 두 눈의 합이 가질 수 있는 모든 경우의 수를 한번 생각해 보도록 하죠.

	파1	파2	파3	파4	파5	파6
빨1	1+1	1+2	1+3	1+4	1+5	1+6
빨2	2+1	2+2	2+3	2+4	2+5	2+6
빨3	3+1	3+2	3+3	3+4	3+5	3+6
빨4	4+1	4+2	4+3	4+4	4+5	4+6
빨5	5+1	5+2	5+3	5+4	5+5	5+6
빨6	6+1	6+2	6+3	6+4	6+5	6+6

가능한 경우가 무려 36가지나 되는군요. 이제 각 네모 안의 합을 직접 구해 보겠습니다.

	파1	파2	파3	파4	파5	파6
빨1	2	3	4	5	6	7
빨2	3	4	5	6	7	8
빨3	4	5	6	7	8	9
빨4	5	6	7	8	9	10
빨5	6	7	8	9	10	11
빨6	7	8	9	10	11	12

주사위를 두 번 던져서 나온 수의 합이 될 수 있는 2~12 중에서 7이 여섯 번으로 가장 많이 나옵니다. 표로 다시 한번 나타내 보도록 하겠습니다.

눈의 합	2	3	4	5	6	7	8	9	10	11	12
경우의 수	1	2	3	4	5	6	5	4	3	2	1

이번에는 각각의 눈이 나올 확률을 구해 봅시다. 2개의 주사위를 던졌을 때 가능한 경우가 36가지인 것을 기억하고 있다면 간단합니다.

다음 표를 보세요.

눈의 합	2	3	4	5	6	7	8	9	10	11	12
확률	$\frac{1}{36}$	$\frac{2}{36}$	$\frac{3}{36}$	$\frac{4}{36}$	$\frac{5}{36}$	$\frac{6}{36}$	$\frac{5}{36}$	$\frac{4}{36}$	$\frac{3}{36}$	$\frac{2}{36}$	$\frac{1}{36}$

　　과연 민성이는 주사위 2개를 던졌을 때, 7의 눈이 나올 확률이 가장 크다는 것을 알고 내기했던 것일까요? 어떤 내기를 하기 전에 확률이 가장 큰 것이 어떤 것인지 미리 알고 있다면 정말 신나는 일이겠지요. 이길 수 있는 확률이 크기 때문입니다.

이처럼 확률을 정확히 구할 수 있는 것은 어떤 면에서 미래를 알 수 있는 것과 마찬가지입니다. 아마 매일매일 내기하고 싶어질 것이고, 큰돈이 걸린 내기라면 엄청난 부자가 될 것입니다. 하지만 확률을 구한다는 것은 그렇게 쉬운 일이 아닙니다.

조금 전까지 확률을 구하는 방법에 대해서 알아보았는데 생각나나요? 확률을 구하기 위해서는 경우의 수를 구할 수 있어야 합니다. 어떤 일이 일어나는 경우를 일일이 다 센다는 것은 매우 힘든 일입니다. 특히 그 수가 굉장히 많을 경우에 더욱 힘듭니다. 또한 빠짐없이 중복되지 않게 세는 것이 거의 불가능한 경우도 있습니다.

그럼 지금부터 바로 우리가 그 힘들고 불가능한 일에 도전해 봅시다. 하하하. 두렵다고요? 그렇다면 먼저 도움이 되는 법칙 2가지를 알아보고 시작합시다.

따르릉따르릉 소리에 정신이 번쩍 듭니다. 오늘이 개학날이라는 것이 생각난 민성이는 재빨리 침대에서 일어납니다. 부랴부랴 학교에 갈 준비를 하고 대문을 나섭니다. 왼쪽에는 버스 정류장이 있고 오른쪽에는 지하철 입구가 보입니다. 민성이가 이용할 수 있는 교통수단은 버스와 지하철 2가지가 있습니다. 그런데 학교를 지나가는 버스는 모두 3종류가 있고, 지하철은 2개의 노선을 이용할 수 있습니다. 물론 버스든 지하철이든 중간에 갈아타지 않아도 되며, 집 앞에서 하나를 선택해서 타면 바로 학교로 갈 수 있습니다. 그렇다면 민성이가 학교까지 갈 수 있는 방법은 모두 몇 가지일까요?

민성이가 학교까지 가기 위해 버스를 타는 방법은 3가지가 있고, 지하철을 타는 방법은 2가지가 있습니다. 그러므로 집에서 학교에 가는 방법의 경우의 수는 이 둘을 더한 5가지입니다.

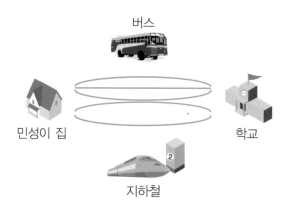

버스

민성이 집

학교

지하철

　매우 간단한 문제이지만, 이 문제에서 중요한 것은 '3＋2＝5'
라는 덧셈을 통해서 문제를 해결했다는 사실입니다. 여러분은
여기서 벌써 '합의 법칙'을 사용하고 배운 것입니다. 전체 사건
의 경우의 수를 각각의 사건의 경우의 수를 합하여 구하는 것
이 합의 법칙의 핵심입니다.

쏙쏙 이해하기

합의 법칙

두 사건 A, B가 동시에 일어나지 않을 때, 사건 A, B가
일어나는 경우의 수를 각각 m, n가지라 하면, 사건 A 또
는 B가 일어나는 경우의 수는

$$(m＋n)가지$$

하지만 언제나 합의 법칙을 이용하여 문제를 풀 수 있는 것은 아닙니다. 여기서 중요한 것은 합의 법칙을 이용할 때는 두 사건이 동시에 일어나지 않아야 한다는 것입니다. 즉, 집에서 학교에 갈 때 버스와 지하철을 동시에 이용할 수는 없습니다. 그렇기 때문에 버스 타는 방법 3가지와 지하철 타는 방법 2가지를 더하여 집에서 학교에 가는 방법을 5가지로 구할 수 있는 것입니다. 만약 버스를 타고 가다가 중간에 지하철로 갈아탈 수 있다고 한다면 합의 법칙을 이용할 수 없습니다.

민성이는 발 디딜 틈조차 없는 지하철 안을 상상하며 발걸음을 자연스레 버스 정류장 쪽으로 향했습니다. 다행히 금방 버스가 와서 지각을 면할 수 있었습니다. 학교에서는 오랜만에 만나는 친구들과 정신없이 하루를 보냅니다. 그리고 어느새 시간은 집으로 돌아갈 때가 되었습니다. 덜컹거리는 버스가 생각난 민성이는 지하철역으로 향합니다. 오늘 민성이는 등교할 때에는 버스를, 하교할 때에는 지하철을 탔습니다. 민성이가 학교에 갈 때는 버스를 타고, 집에 올 때는 지하철을 타는 모든 경우의 수는 몇 가지일까요?

이 물음은 간단한 덧셈만으로 해결되는 문제가 아니라는 생
각이 들죠? 일단 버스와 지하철에 이름을 붙이도록 하겠습니
다. 버스 3대는 a, b, c라 하고, 지하철 노선 2가지는 x, y라고 해
봅시다. 하나만 더 약속하고 갈까요? 민성이가 학교에 갈 때 버
스 a를 타고 집에 올 때는 지하철 x를 탄 것을 순서쌍 (a, x)라
고 나타낼 것입니다.

그럼 이제 모든 경우를 생각해 보겠습니다. 다음의 수형도를
살펴봅시다.

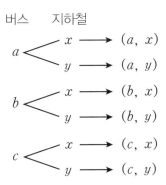

버스 3대마다 각각 지하철을 선택할 수 있는 경우의 수가 2가지가 있습니다. 따라서 갈 때 버스를 타는 방법 3가지와 올 때 지하철을 타는 방법 2가지를 곱하여 6가지로 구할 수 있습니다. 이 문제에서 중요한 것은 '$3 \times 2 = 6$'이라는 곱셈을 통해서 문제를 해결했다는 사실입니다. 이번에도 여러분은 벌써 '곱

곱의 법칙

두 사건 A, B에 대하여 사건 A, B가 일어나는 경우의 수를 각각 m, n가지라 하면, 두 사건 A, B가 이어서 일어나는 경우의 수는

$$(m \times n)가지$$

의 법칙'을 사용했습니다. 전체 사건의 경우의 수를 각각의 사건의 경우의 수를 곱하여 구하는 것이 곱의 법칙입니다.

곱의 법칙은 두 사건이 이어서 일어나는 경우에 사용합니다. 두 사건이 이어서 일어난다는 것은 한 사건이 일어난 후에 다시 다음 사건이 일어나는 것을 말합니다. 즉, 버스를 타고 이어서 지하철을 타는 경우의 수를 구하기 때문에 곱의 법칙을 사용하는 것입니다.

어떤 숲인지 알아보기 위해서는 그 숲 안에 있는 나무들을 살펴봐야 합니다. 전체를 알려면 부분을 살펴봐야 한다는 이야기죠. 경우의 수도 마찬가지입니다. 전체 경우의 수를 구하기 위해서 전체를 세분화시켜서 각각의 경우의 수를 구합니다. 그런 다음 상황을 살펴 각각을 합할 것인지 곱할 것인지 결정하면 되는 것이죠.

동시에 일어나지 않는 사건은 합의 법칙, 연이어 일어나는 사건은 곱의 법칙을 적용한다는 것을 기억합시다.

❶ **확률** 확률은 어떤 일이 일어날 가능성을 수로 나타낸 것을 말하며 다음과 같이 구합니다.

$$(\text{확률}) = \frac{(\text{특정한 사건이 일어나는 경우의 수})}{(\text{전체 사건이 일어나는 경우의 수})}$$

❷ **합의 법칙** 두 사건 A, B가 동시에 일어나지 않을 때, 사건 A, B가 일어나는 경우의 수를 각각 m, n가지라 하면, 사건 A 또는 B가 일어나는 경우의 수는 $(m+n)$가지입니다.

❸ **곱의 법칙** 두 사건 A, B에 대하여 사건 A, B가 일어나는 경우의 수를 각각 m, n가지라 하면, 두 사건 A, B가 이어서 일어나는 경우의 수는 $(m \times n)$가지입니다.

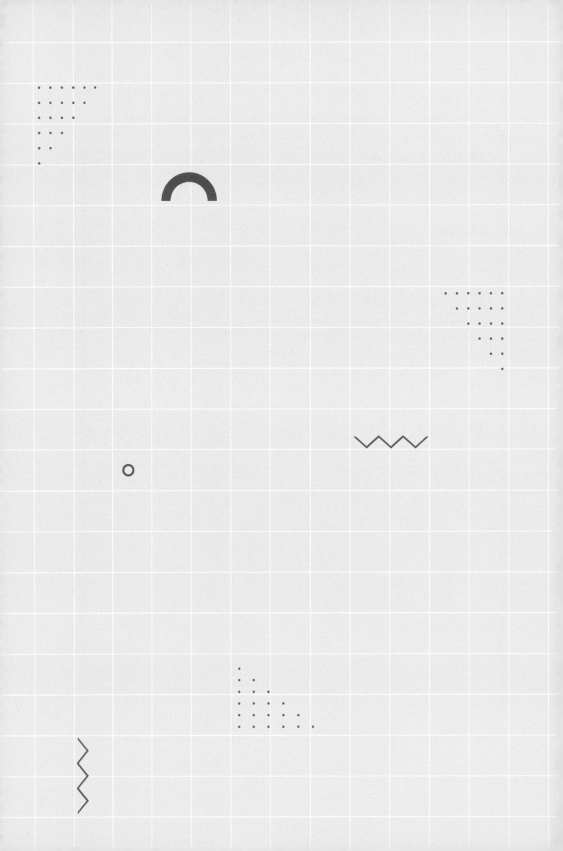

순열의 뜻과
공식

순서가 있는 상황에서 경우의 수를 구하는 방법인
순열을 이해하고 그 경우의 수를 구하는 방법에 대해서
알아봅시다.

1. 숫자 카드 2개를 차례로 선택하는 경우의 수를 구하면서 순열의 뜻과 순열의 수를 구해 봅니다.
2. 몇 자리 정수 만들기, 이어달리기 선수 정하는 경우의 수를 순열을 이용해서 구해 봅니다.

미리 알면 좋아요

1. **계승** factorial 1부터 n까지의 곱을 n의 계승이라 합니다. $n!$을 기호로 씁니다.
$$n! = n \times (n-1) \times (n-2) \times \cdots\cdots \times 2 \times 1$$

2. **곱의 법칙** 두 사건 A, B에 대하여 A, B가 이어서 일어나는 경우의 수는 각각의 경우의 수를 곱하여 구합니다.

파스칼의
두 번째 수업

민성이는 숫자 카드를 가지고 놀고 있습니다. 엄마가 간식으로 주려고 바나나와 귤을 각각 4개씩 들고 왔습니다. 모두 민성이에게 주려던 엄마는 갑자기 숫자 카드 중에서 1, 2, 3, 4가 적힌 카드 4개를 집어 들었습니다. 차례로 2장의 카드를 뽑아서 첫 번째 뽑은 숫자만큼 바나나를, 두 번째 뽑은 숫자만큼 귤을 주겠다고 하십니다. 귤보다 바나나를 더 좋아하는 민성이는 먼저 4를 뽑고 그다음은 3을 뽑고 싶습니다. 과연 민성이의 희망

대로 될 수 있을까요? 민성이가 간식으로 바나나와 귤을 먹을 수 있는 방법은 모두 몇 가지인지 구해 봅시다.

엄마는 민성이에게 가지고 온 간식을 다 주고 싶지 않은가 봅니다. 어쩌면 민성이가 낮은 숫자를 뽑아서 민성이에게 적은 양을 준 후 엄마가 다 먹으려고 하는지도 모릅니다. 그럼 민성이가 간식을 먹을 수 있는 방법이 모두 몇 가지가 있는지 차근차근 살펴봅시다.

먼저 첫 번째는 4장의 카드 중에 1장을 뽑게 되므로 바나나를 가질 수 있는 경우의 수는 모두 4가지입니다. 두 번째는 첫 번째 뽑았던 숫자 카드 1장을 제외한 3장의 카드 중에서 1장을 뽑아야 합니다. 따라서 귤을 가질 수 있는 경우의 수는 3가지입니다. 이때 숫자 카드를 차례로 2장을 뽑는 것은 연이어 일어나는 사건이므로 곱의 법칙을 적용해야 합니다.

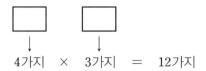

4가지 × 3가지 = 12가지

모두 12가지입니다. 실제로 수형도를 이용해서 직접 구해 보면 아래 그림과 같이 됩니다.

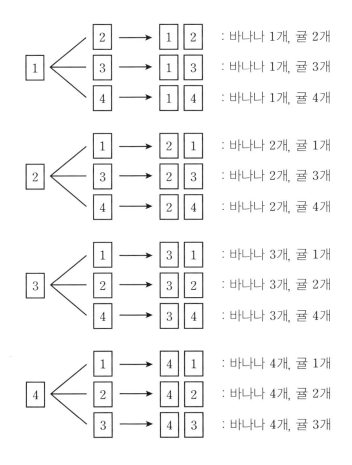

위의 상황을 간단히 정리하면 서로 다른 4개에서 2개를 선택

하여 순서 있게 일렬로 나열하는 것입니다. 우리는 이것을 4개에서 2개를 택하는 순열이라 부릅니다. 말 그대로 순열은 '순서 있게 나열한다.'라는 의미를 가지고 있습니다. '순서가 있다.'라는 의미는 순서를 바꾸면 다른 경우가 된다는 말과 같습니다.

와~ 내가 좋아하는 바나나랑 귤이네.

저기 있는 1, 2, 3, 4 카드를 가져와 볼래?

네, 빨리 문제를 해결하고 간식을 획득하겠어요!

첫 번째 카드를 뽑는 만큼 바나나를, 두 번째 카드를 뽑는 만큼 귤을 줄 거야.

그렇다면 네가 간식을 먹을 수 있는 방법은 모두 몇 가지지?

4장 중에 1장을 뽑으니 처음의 경우의 수는 4가지이고,

두 번째는 3장의 카드 중에서 1장을 뽑는 거니까 경우의 수가 3가지이고 말이야.

숫자 카드를 차례로 2장을 뽑는 건 연이어 일어나는 사건이니까 곱의 법칙이 적용된단다.

내가 오늘 해야 할 일이 수학 공부와 친구들과의 축구 시합이라고 합시다. 그러면 내가 선택할 수 있는 경우는 2가지가 있습니다. 수학 공부를 마치고 축구 시합을 할 것인지, 축구 시합 후에 수학 공부를 할 것인지 말이죠. 이렇게 선택의 수는 같지만 어떤 순서로 선택할 것인지에 따라 다른 경우가 되는 것을 순열이라고 할 수 있습니다.

이 문제도 숫자 카드 1, 2를 택하면 간식은 바나나 1개, 귤 2개가 되고 순서를 바꿔서 숫자 카드 2, 1을 택하면 간식은 바나나 2개, 귤 1개로 다른 결과가 나오므로 순서 있는 경우가 됩니다. 순서가 있는 상황에서 경우의 수를 구할 때 도움을 주는 것이 바로 순열입니다. 4개에서 2개를 택하는 순열의 수를 앞으로 $_4P_2$로 나타내겠습니다. 이것이 순열의 기호입니다.

기호를 약속할 때는 보통 알파벳을 이용하게 되는데 순열의 영어 표현인 'permutation'의 첫 글자인 'P'를 사용합니다. 그리고 'P' 앞의 숫자는 전체 대상의 개수이고 'P' 뒤에 있는 숫자는 선택하는 개수를 적습니다. 기호가 가진 힘은 대단합니다. '서로 다른 4개에서 2개를 선택하여 순서 있게 일렬로 나열하는 경우의 수'라는 긴 말을 그냥 $_4P_2$라고 쓰면 끝입니다. $_4P_2$의 계산은 위에서 구한 대로 다음과 같이 하면 됩니다.

$$_4P_2 = 4 \times 3 = 12$$

$_5P_3$은 5개에서 3개를 선택하는 순열의 수를 나타냅니다.

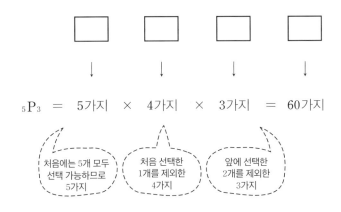

자세히 살펴보면 하나씩 줄여 나간 수를 계속 곱하고 있는 것을 알 수 있습니다. 제일 처음에 적는 숫자는 선택하는 전체 개수입니다. 그렇다면 몇 개의 수를 곱하는 것일까요? 선택하는 개수만큼의 수를 곱하고 있습니다. 정리하면, 전체 개수부터 선택하는 개수만큼 하나씩 줄여 나간 수를 모두 곱하면 된다는 것을 쉽게 알 수 있습니다.

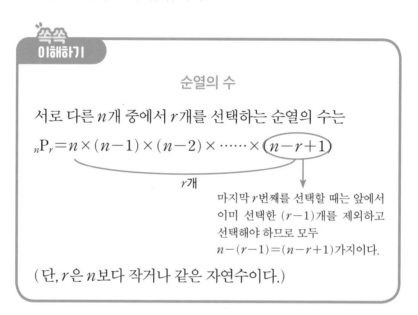

쏙쏙 이해하기

순열의 수

서로 다른 n개 중에서 r개를 선택하는 순열의 수는

$$_n\mathrm{P}_r = n \times (n-1) \times (n-2) \times \cdots\cdots \times (n-r+1)$$

r개

마지막 r번째를 선택할 때는 앞에서 이미 선택한 $(r-1)$개를 제외하고 선택해야 하므로 모두 $n-(r-1)=(n-r+1)$가지이다.

(단, r은 n보다 작거나 같은 자연수이다.)

예를 들어 $_7\mathrm{P}_4$의 계산은 7부터 4까지의 4개의 수의 곱으로 구하면 됩니다. 따라서 $_7\mathrm{P}_4 = 7 \times 6 \times 5 \times 4 = 840$입니다.

순서가 있는 상황에서는 지금 배운 순열을 이용해서 경우의 수를 구하면 됩니다. 순열의 수를 구할 때 r은 n보다 작거나 같다야 한다는 조건이 있어야 합니다. $_4P_7$을 한번 생각해 보겠습니다. $_4P_7$은 서로 다른 4개에서 7개를 선택하여 일렬로 나열하는 경우의 수를 말하는 것인데 4개에서 7개를 선택하는 것은 불가능합니다. 따라서 항상 r은 n보다 크면 안 됩니다.

그렇다면 두 수가 같은 것은 어떨까요? $_4\mathrm{P}_4$를 생각해 봅시다. $_4\mathrm{P}_4$는 서로 다른 4개에서 4개 모두를 선택하여 일렬로 나열하는 경우의 수를 말합니다. 이것은 가능합니다. $_4\mathrm{P}_4=4\times3\times2\times1$로 구할 수 있습니다.

이처럼 4부터 시작하여 1까지 다 곱해 내려가는 것은 4의 계승을 계산한 것입니다. 기호로 간단히 4!로 나타냅니다. 따라서 $_4\mathrm{P}_4=4\times3\times2\times1=4!$이 되는 것을 알 수 있습니다.

이제부터 순서가 있는 상황에서는 순열을 이용하여 경우의 수를 구하도록 하겠습니다.

간식을 먹고 난 민성이는 숫자 카드를 이용해서 오늘 학교에서 배운 세 자리 수와 한 자리 수의 곱셈을 연습하기로 했습니다. 민성이는 1부터 9까지 9장의 카드에서 세 자리 수와 한 자리 수를 만듭니다. 민성이가 곱셈 문제를 몇 개나 만들 수 있을까요?

숫자 카드를 차례로 1, 2를 뽑으면 12, 반대로 2, 1의 순서로 뽑으면 21이 됩니다. 순서를 바꾸면 다른 수가 되므로 숫자 카드를 뽑아서 몇 자리 자연수를 만드는 것은 순열입니다. 차례로 3개의 수를 뽑아서 세 자리 자연수를 만들고 네 번째 뽑은 수를 곱할 한 자리 자연수로 하면 됩니다. 즉, 총 9개의 숫자 카드 중에서 순서대로 4장의 숫자 카드를 선택하는 순열의 수를 구하는 문제로 바뀝니다. 따라서 $_9P_4 = 9 \times 8 \times 7 \times 6 = 3024$가지의 곱셈 문제를 만들 수 있습니다.

곱셈 연습을 하던 민성이는 탁자 밑에 숨어 있던 숫자 카드 하나를 발견했습니다. 지난번에 가지고 놀다가 잃어버렸던 숫자 카드 '0'이었습니다. 세 자리 수와 한 자리 수의 곱셈을 척척 잘 풀게 된 민성이는 이번에는 '0'을 넣어서 세 자리 수와 두 자리 수의 곱셈을 풀려고 합니다. 이번에는 민성이가 만들 수 있는 곱셈 문제는 몇 가지나 되는지 알아봅시다.

각 자리에 1부터 5까지 번호를 붙이겠습니다. 간단히 생각하면 0부터 9까지 총 10장의 숫자 카드 중에서 차례로 3장을 골라 세 자리 자연수를 만들고 남은 숫자 카드에서 2장을 골라 두 자리 자연수를 만들면 됩니다. 즉, 10개에서 5개를 선택하는 순열입니다.

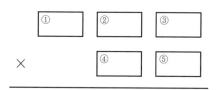

그러나 문제가 하나 있습니다. '0'은 첫 번째 자리에는 올 수가 없습니다. '012'는 두 자리 자연수로 봐야지 세 자리 자연수가 될 수 없습니다. 따라서 맨 처음에 올 수 있는 경우의 수는 '0'을 제외한 9가지입니다.

두 번째, 세 번째 수를 차례로 뽑고 네 번째 수를 뽑을 때 또 문제가 생깁니다. 네 번째 뽑는 수는 두 자리 자연수의 첫 번째 숫자이기 때문이죠. 그런데 앞에서 이미 '0'을 뽑아 버렸을 수도 있습니다. 경우를 나눠서 생각해 봅시다.

먼저, 첫 번째에는 0이 올 수 없으므로 두 번째에서 '0'을 뽑은 경우를 생각해 보겠습니다.

이제 나머지 네 자리만 생각하면 됩니다. ①에 올 수 있는 수는 이미 사용된 '0'을 제외한 9가지입니다. ③에는 이미 사용된 2개를 제외한 8가지입니다. 마찬가지로 ④에는 7가지, ⑤에는 6가지가 올 수 있습니다. 따라서 $9 \times 8 \times 7 \times 6 = 3024$가지입니다.

다음으로, 세 번째에서 '0'을 뽑는 경우도 마찬가지로 구하면 $9 \times 8 \times 7 \times 6 = 3024$가지입니다.

마지막으로 두 번째와 세 번째 모두에서 '0'을 뽑지 않은 경우를 생각해 보겠습니다.

①부터 ④까지는 모두 '0'이 사용되지 않으므로 '0'을 제외한 9개의 숫자 카드에서 차례로 4개를 뽑으면 됩니다. ⑤에는 '0'이 오는 것이 가능하므로 앞에서 사용한 4개를 제외한 6가지입

니다. 따라서 $9 \times 8 \times 7 \times 6 \times 6 = 18144$가지입니다.

그러므로 만들 수 있는 곱셈은 $3024 + 3024 + 18144 = 24192$ 가지입니다.

숫자 카드를 사용해서 몇 자리 자연수를 만드는 것 말고도 순열을 사용할 수 있는 상황은 많습니다. 다음 상황을 살펴봅시다.

곱셈 연습을 하던 민성이는 준영이의 전화를 받습니다. 옆 학교 친구들과 달리기 시합을 하고 있는데 선수가 1명 부족하다고 민성이에게 나오라고 합니다. 이어달리기를 하기로 했는데 선수는 남학생 4명, 여학생 3명 해서 7명입니다. 처음에 달리는 선수는 여학생이어야 하고, 마지막에 달리는 선수는 남학생이어야 한다고 합니다. 이어달리기 순번을 정하는 경우의 수는 모두 몇 가지일까요?

먼저 처음 달리는 여자 선수를 정한 다음 마지막에 달리는 남자 선수를 정하고 그리고 남은 선수들끼리 자리를 정하면 됩니다.

그리고 처음에 달리는 여자 선수는 여학생 3명 중 1명을 선택합니다. 다음으로 마지막에 달리는 남자 선수는 남학생 4명 중에 1명을 선택합니다. 남은 자리는 전체 7명의 선수 중에서 이미 정해진 여학생 1명, 남학생 1명을 제외한 5명이서 순서를 정하면 됩니다. 따라서 다음과 같이 정리할 수 있습니다.

(처음은 여학생, 마지막은 남학생으로 남학생 4명과 여학생 3명이 이어달리기 순번을 정하는 경우의 수)

＝(3명의 여학생 중 처음에 달리는 1명을 선택하는 경우의 수)×(4명의 남학생 중 마지막에 달리는 1명을 선택하는 경우의 수)×(나머지 5명을 나열하는 경우의 수)

$$= {}_3P_1 \times {}_4P_1 \times 5!$$
$$= 3 \times 4 \times 5 \times 4 \times 3 \times 2 \times 1$$
$$= 3 \times 4 \times 120$$
$$= 1440가지입니다.$$

여러분은 '2×5'를 어떻게 계산하나요? '2×5'는 2를 5번 더했다는 의미입니다. 따라서 '2×5＝2＋2＋2＋2＋2＝10'입니다. 아마 내 계산에 의문을 품은 친구가 많을 겁니다. 왜 그렇게 어렵게 계산할까? 그냥 2×5는 10인데…… 하고 말이죠.

경우의 수를 구할 때도 마찬가지입니다. 경우의 수를 구할 때 합의 법칙과 곱의 법칙을 이용해서 구하는 것은 2를 5번 더해

서 구하는 것과 같고, 순열을 이용해서 구하는 것은 구구단을 이용해서 구하는 것이라 할 수 있습니다. 구구단을 외우면 곱하기를 쉽게 할 수 있습니다.

마찬가지로 순열의 수를 구하는 방법을 알고 있다면 앞으로 다양한 순서가 있는 상황에서 경우의 수를 구하기가 쉬워질 것입니다.

❶ 서로 다른 n개에서 r개를 선택하여 순서 있게 일렬로 나열하는 것을 n개에서 r개를 택하는 순열이라 하며 기호 $_n\mathrm{P}_r$로 나타냅니다.

❷ **순열의 수** 서로 다른 n개 중에서 r개를 선택하는 순열의 수는

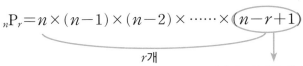

$$_n\mathrm{P}_r = n \times (n-1) \times (n-2) \times \cdots\cdots \times (n-r+1)$$

r개

마지막 r번째를 선택할 때는 앞에서 이미 선택한 $(r-1)$개를 제외하고 선택해야 하므로 모두 $n-(r-1)=(n-r+1)$가지이다.

(단, r은 n보다 작거나 같은 자연수이다.)

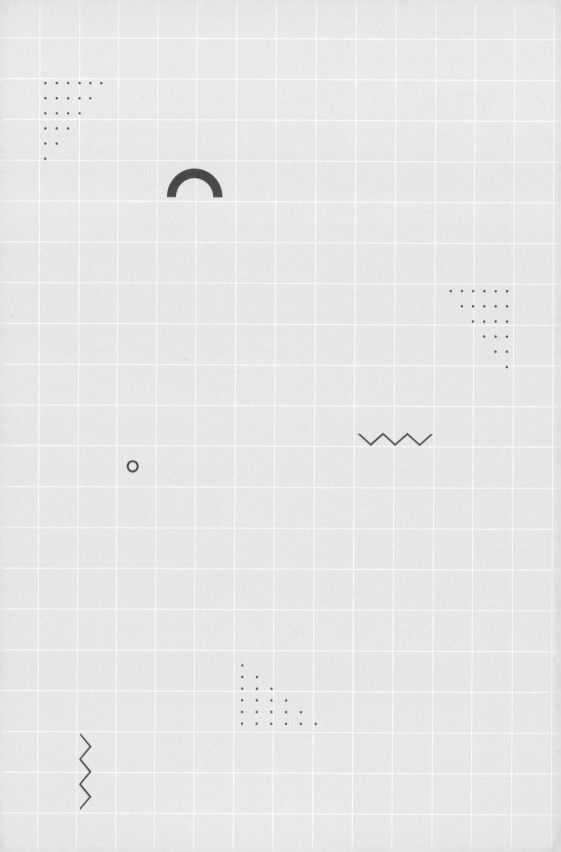

이웃하는 순열과 이웃하지 않는 순열

이웃한다와 이웃하지 않는다는 조건이 있을 때
순열의 수를 구해 봅시다.

1. 이웃해서 또는 이웃하지 않게 앉는 경우의 수를 구해 보면서 이웃하는 순열과 이웃하지 않는 순열의 수를 구하는 방법을 알아봅니다.
2. 책장에 책을 정리할 수 있는 경우의 수를 이웃하는 순열과 이웃하지 않는 순열의 수를 이용하여 구해 봅니다.

미리 알면 좋아요

1. **교환법칙** 수나 식의 계산에서 계산 순서를 바꿔서 계산하는 법칙을 말합니다.

2. **곱의 법칙** 두 사건 A, B에 대하여 A, B가 이어서 일어나는 경우의 수는 각각의 경우의 수를 곱하여 구합니다.

파스칼의
세 번째 수업

민성이를 포함하여 총 7명의 친구들이 영화관에 갔습니다. 그중 4명은 남자이고 3명은 여자입니다. 보고 싶은 영화를 한 편 골라 표를 예매합니다. 상영관에 들어서서 자리를 확인하니 M1부터 M7좌석으로 7개의 좌석이 연달아 붙어 있습니다. 앉고 싶은 자리에 앉으려는데 여자 친구 3명이 꼭 자기들은 붙어서 앉겠다고 합니다. 그렇다면 여자 친구 3명이 이웃해서 앉는 경우는 모두 몇 가지일까요?

7명의 친구들을 7개의 좌석에 차례로 앉히는 경우의 수를 구하는 것은 순열의 수를 구하는 것에 해당됩니다. 머릿속에서 순열의 수를 구하는 공식 $_7P_7 = 7!$이 떠올랐다면 여러분은 이번 수업을 공부할 자격이 있는 것입니다. 그렇지만 여자 친구 3명이 붙어서 앉는 경우의 수는 이것보다는 작을 것입니다.

차근차근 생각해 보겠습니다. 여자 친구들은 떨어지기 싫은 모양입니다. 만나서부터 지금까지 3명이서 계속 붙어 다녔다는군요. 그렇다면 계속 같이 다닐 수 있도록 아예 손을 밧줄로 묶어 버립시다. 물론 여러분의 상상 속에서 말이죠. 손을 밧줄로 묶었다면 항상 같이 다닐 수 있습니다. 심지어 화장실도 같이 들어가야 합니다.

즉, 3명의 친구들을 한 묶음으로 생각하자는 것입니다. 그리고 민성이를 포함한 4명의 남학생은 각각을 하나의 묶음으로 생각한다면 7명의 친구들은 다섯 묶음으로 생각할 수 있습니다.

너희 셋은 일단은 한 묶음이야.

그럼 문제는 이제 7명의 친구들을 7개의 좌석에 앉히는 경우에서 다섯 묶음의 친구들을 다섯 묶음의 좌석에 앉히는 경우의 문제로 바뀝니다. 물론 좌석도 마찬가지로 다섯 묶음의 좌석 중 하나는 3개가 한 묶음인 좌석입니다.

자, 이제 여자 친구들의 손을 풀어 줄까요? 많이 힘들었을 겁니다. 붙어서 앉게 된 여자 친구들도 붙어 있는 세 자리 안에서 바꿔서 앉을 수는 있을 테니 그 경우도 생각해 줘야 합니다. 즉, 3명의 여자 친구들을 3개의 좌석에 앉히는 경우까지 생각해야 합니다.

정리하면, 7명의 친구들이 7개의 좌석에 앉히는 경우의 수는 먼저 다섯 묶음의 친구들3명의 여자 친구들은 한 묶음으로 생각한을 5개의 좌석에 앉힌 다음, 연이어 한 묶음으로 생각했던 3명의 여자 친구들을 3개의 좌석에 앉히는 경우의 수와 같습니다. 연이어 일어나는 2가지 사건은 곱의 법칙을 적용합니다. 따라서 다음과 같이 구할 수 있습니다.

(여자 친구 3명이 이웃하게 7명을 7개의 좌석에 앉히는 경우의 수)
= (다섯 묶음을 5개의 좌석에 앉히는 경우의 수) × (3명을 3개의 좌석에 앉히는 경우의 수)

$$=5! \times 3!$$
$$=120 \times 6$$
$$=720_{가지}$$

 순서를 정할 때 몇 개는 이웃해야 한다는 조건이 붙는 경우를 생각해 볼 수 있습니다. 이와 같은 경우의 순열을 우리는 이웃하는 순열이라고 부릅니다.

 이웃하는 순열을 구하는 방법은 간단합니다. 먼저 이웃하는 것들을 한 묶음으로 생각하여 전체 순열의 수를 구하고, 그다음 한 묶음 안에서의 순열의 수를 각각 구하여 곱해 주면 됩니다. 그렇다면 반대로 이웃하지 않는다는 조건이 있을 경우에는 어떻게 하면 될까요?

 민성이는 여자 친구들끼리 붙어서 앉는 것이 싫습니다. 자신이 좋아하는 여자 친구 옆에 앉고 싶기 때문입니다. 물론 다른 남자 친구들의 마음도 민성이와 다르지 않을 것입니다. 여자 친구들이 모두 떨어져 앉는 것이 낫다고 생각합니다. 그렇다면 여자 친구 3명이 모두 이웃하지 않게 앉는 경우의 수는 몇 가지일까요?

여자 친구들을 어떻게 하면 다 떨어뜨려 앉게 할 수 있을까요? 이웃하는 순열과는 다르게 여자 친구들은 잠시 물러서 있게 하고 먼저 이웃해도 좋은 남자 친구들부터 배열해 보도록 하겠습니다.

그런 다음 양끝과 남자 친구들 사이의 총 5곳 중에서 적당한 곳을 골라 여자 친구들을 한 명씩 앉히면 여자 친구들 사이에는 꼭 남자 친구들이 한 명은 있게 됩니다. 즉, 여자 친구들은 전부 이웃하지 않게 되는 것이죠. 즉, 남자 친구 4명을 앉힌 다음 연이어 양끝과 남자 친구 사이사이 총 5곳 중에서 3곳을 골라서 여자 친구들을 앉히면 됩니다.

이번에도 곱의 법칙을 적용할 수 있는 경우입니다. 따라서 먼저 남학생 4명을 배열하는 순열의 수를 구한 다음 남자 친구들 사이사이와 양끝, 총 5곳 중에서 3곳을 골라 여학생을 배열하는 순열의 수를 구하여 곱해 주면 됩니다. 따라서 다음과 같이 구할 수 있습니다.

(여자 친구 3명이 서로 이웃하지 않게, 7명을 7개의 좌석에 앉히는 경우의 수)

= (남자 친구 4명을 좌석에 앉히는 경우의 수) × (남자 친구 사이사이와 양끝 5곳에 여자 친구 3명을 앉히는 경우의 수)

= $4! \times {}_5P_3$

= 24×60

= 1440가지

이번에는 이웃하지 않아야 한다는 조건이 있을 때 순열의 수를 구하고 있습니다. 이웃하지 않는 순열을 구하는 방법은 먼저 이웃해도 좋은 것들을 배열하는 순열의 수를 구하고, 다음 그 양끝과 사이사이에 이웃하지 않아야 할 것을 배열하는 순열의 수를 구하여 곱해 주면 됩니다.

이웃하는 순열과 이웃하지 않는 순열을 이용할 수 있는 상황을 더 살펴봅시다.

친구들과 영화를 보고 난 민성이는 오늘 대청소를 한다고 일찍 들어오라고 한 엄마의 말이 기억났습니다. 민성이가 집에 들어오니 엄마는 부엌 정리를 하고 아빠는 책장을 정리하고 있습니다. 민성이는 아빠를 도와 책장을 정리하기로 했습니다.

책을 본 다음 제자리에 꽂지 않아서 순서가 엉망이네요. 책장의 모든 책을 꺼냅니다. 첫째 줄에는 키가 큰 아빠의 책을 꽂기로 했습니다. 고등학교에서 수학을 가르치는 아빠는 수학과 관련된 책이 많습니다. 그리고 최근에는 주식 투자에 관심이 많습니다. 그래서 아빠는 10권의 책이 있는데 그중에서 수학과 관련된 책이 4권, 주식과 관련된 책이 3권, 그 외에 3권의 책이 더 있습니다.

민성이는 수학과 관련된 책과 주식과 관련된 책을 각각 이웃하게 꽂으려고 합니다. 10권의 책을 책장에 꽂는 방법은 모두 몇 가지일까요?

이 문제는 이웃해야 할 것이 두 종류나 됩니다. 그러면 한 묶음으로 생각해야 할 것이 2가지라는 것입니다. 일단 수학책 4권을 한 묶음, 주식책 3권을 한 묶음으로 그리고 나머지 3권의 책은 각각을 한 묶음으로 생각하면 총 5개의 묶음이 생깁니다.

10권 중에 수학책 4권은 한 묶음으로, 주식 책 3권 역시 한 묶음으로 해서 꽂자.

이 5개의 묶음을 나열한 뒤에 수학책 묶음을 나열하고 마지막으로 주식책 묶음까지 나열하면 됩니다. 물론 주식책을 나열하고, 수학책을 뒤에 해도 마지막에 곱하면 결과는 같이 나오므로 상관없습니다. 곱셈은 교환법칙이 성립하기 때문이죠.

따라서 다음과 같이 구할 수 있습니다.

(수학책 4권과 주식책 3권은 이웃하게 총 10권의 책을 나열
하는 경우의 수)

= (수학책과 주식책 각각을 한 묶음으로 생각하여 총 5개의
묶음을 나열하는 경우의 수) × (수학책 4권을 나열하는
경우의 수) × (주식책 3권을 나열하는 경우의 수)

= 5! × 4! × 3!

= 120 × 24 × 6

= 17280가지

둘째 줄은 엄마의 책으로 정리한 다음 마지막으로 민성이의
책을 셋째 줄에 꽂으려고 합니다. 민성이는 수학에 관련된 책
이 2권, 영어에 관련된 책이 3권, 그 외에 5권의 책이 더 있습니
다. 따라서 총 10권의 책이 있습니다. 민성이는 수학책은 이웃
하지 않게, 영어책은 이웃하게 책꽂이에 책을 꽂고 싶습니다.
모두 몇 가지 방법이 있을까요?

영어는 시리즈니까 이웃하게
꽂고 수학책은 출판사가
다르니 따로 꽂아야겠군.

이번 문제는 이웃하는 순열과 이웃하지 않는 순열이 섞여 있
는 문제군요. 어렵게 생각하지 말고 각각의 문제 푸는 방법을
차근차근 적용하면 됩니다.

먼저 이웃해야 하는 영어책 3권을 한 묶음으로 생각하겠습
니다. 이웃하지 않아야 하는 수학책을 제외한 나머지 책 5권 각
각을 하나의 묶음으로 생각하면 영어책과 나머지 책들을 모두
6개의 묶음으로 생각할 수 있습니다. 일단 이 여섯 묶음을 나열

하는 경우의 수를 구해야 합니다. 다음으로 여섯 묶음의 양끝과 사이사이 총 7곳에서 2곳을 택하여 이웃하지 않아야 하는 수학책을 배열하면 됩니다. 아직 생각하지 않는 것이 있습니다. 처음에 한 묶음으로 생각했던 영어책들을 기억해야 합니다. 마지막으로 한 묶음으로 생각했던 영어책 3권을 배열하면 됩니다. 따라서 다음과 같이 구할 수 있습니다.

(수학책 2권은 이웃하지 않고 영어책 3권은 이웃하게 총 10권의 책을 나열하는 경우의 수)

= (수학책은 제외하고 영어책을 한 묶음으로 생각하여 6개의 묶음을 나열하는 경우의 수) × (양끝과 사이사이 총 7곳에 수학책 2권을 나열하는 경우의 수) × (영어책 3권을 나열하는 경우의 수)

$= 6! \times {}_7P_2 \times 3!$

$= 720 \times 42 \times 6$

$= 181440$가지

이웃하는 순열과 이웃하지 않는 순열은 문제 속에서 바로 확인할 수 있습니다. 이웃하는 순열은 이웃하는 것을 먼저 한 묶음으로 생각한다는 것을, 이웃하지 않는 순열은 이웃하지 않아야 하는 것을 나중에 나열한다는 것을 꼭 기억합시다.

수업 정리

❶ 이웃하는 순열의 수

- 이웃하는 것을 한 묶음으로 생각합니다.
- (한 묶음으로 구한 순열의 수) × (한 묶음 속 자체의 순열의 수)

❷ 이웃하지 않는 순열의 수

- 이웃해도 좋은 것을 먼저 배열합니다.
- 그 양끝과 사이사이에 이웃하지 않아야 할 것을 배열합니다.

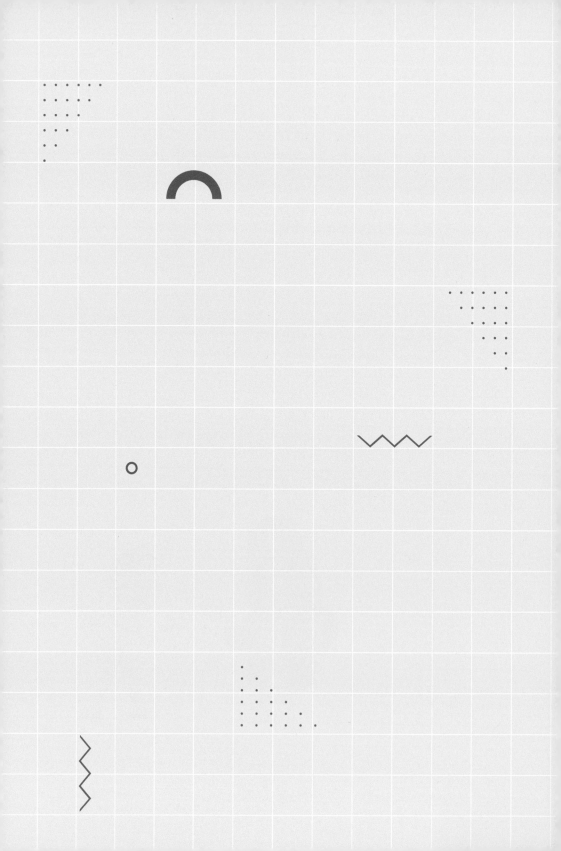

중복순열

중복을 허용해서 뽑는 경우의 수는
어떻게 구하는지 알아봅시다.

1. 중복을 허용해서 숫자 카드를 차례로 2장을 뽑는 경우의 수를 구해 보면서 중복순열의 뜻과 중복순열의 수를 구하는 방법을 알아봅니다.
2. 편지 적을 사람 정하기, 과일 고르기, 비밀번호 정하기 등의 경우의 수를 구할 때 중복순열의 수를 이용합니다.

미리 알면 좋아요

1. **거듭제곱** 같은 수 또는 문자를 여러 번 곱한 것을 말합니다. n을 r번 곱한 것을 n^r으로 나타냅니다.

2. **합의 법칙** 두 사건 A, B가 동시에 일어나지 않을 때, A 또는 B가 일어나는 경우의 수는 각각의 경우의 수를 더하여 구합니다.

3. **곱의 법칙** 두 사건 A, B에 대하여 A, B가 이어서 일어나는 경우의 수는 각각의 경우의 수를 곱하여 구합니다.

파스칼의
네 번째 수업

엄마는 이제 간식을 줄 때마다 숫자 카드를 들고 옵니다. 오늘 간식은 아몬드, 초콜릿 쿠키가 각각 4개씩입니다. 숫자 카드 1부터 4까지 4장 중에서 차례로 2장을 뽑아서 첫 번째 뽑은 숫자만큼 아몬드 쿠키를 주고, 두 번째 뽑은 숫자만큼 초콜릿 쿠키를 주겠다고 합니다. 민성이는 가져온 간식을 다 먹고 싶습니다. 그래서 한 번 뽑은 숫자 카드를 다시 넣고 두 번째 숫자 카드를 뽑고 싶어 합니다. 그러면 모두 4를 골라서 가져온 쿠키를 다 먹을

수 있을 것 같습니다. 첫 번째 뽑은 숫자 카드를 다시 넣었을 때,
민성이가 간식을 먹을 수 있는 방법은 모두 몇 가지일까요?

민성이는 하나만 알고 둘은 모릅니다. 만약 두 번 모두 1을
뽑으면 첫 번째에 뽑은 숫자 카드를 다시 넣고 뽑고 싶다고 한
것을 후회하게 될 겁니다. 두 번째 수업에서 배운 순열의 내용
을 기억하면서 차근차근 살펴봅시다.

먼저 첫 번째는 4장의 숫자 카드 중에서 1장을 뽑게 되므로 아몬드 쿠키를 먹을 수 있는 경우의 수는 4가지입니다. 1개를 먹을 수도 있고 4개까지 먹을 수도 있습니다.

이때, 처음에 뽑은 숫자 카드를 다시 넣고 뽑는다는 것을 기억해야 합니다. 그러므로 두 번째도 마찬가지 4장의 숫자 카드에서 한 장을 뽑게 되므로 초콜릿 쿠키를 먹을 수 있는 경우의 수도 4가지가 됩니다. 숫자 카드를 차례로 두 장을 뽑은 것은 연이어 일어나는 상황이므로 곱의 법칙을 적용해야 합니다. 따라서 $4 \times 4 = 16$가지입니다.

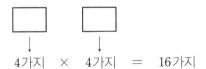

위의 상황 역시 서로 다른 4개에서 2개를 선택하여 일렬로 나열하는 경우의 수를 구하고 있습니다. 하지만 앞에서 배운 순열과 다른 점이 있습니다. 먼저 뽑은 것을 다시 뽑을 수 있다는 것입니다.

이것을 우리는 중복을 허용한다고 합니다.

중복을 허용한다는 의미는 한 번 또는 두 번만 다시 뽑을 수 있다는 것이 아니라 원하는 만큼 다시 뽑아도 된다는 것을 말합니다. 만약에 세 번째 숫자 카드를 다시 뽑게 되더라도 첫 번째나 두 번째에 뽑았던 것을 다시 뽑을 수 있다는 뜻이랍니다.

즉, 위의 상황을 간단히 정리하면 중복을 허용하여 서로 다른 4개에서 2개를 선택하여 일렬로 나열하는 것입니다. 우리는 이것을 4개에서 2개를 택하는 중복순열이라 부릅니다. 중복순열의 기호는 'P' 대신에 'Π'를 씁니다. 'Π'는 그리스 문자로 곱한다는 의미를 가지고 있습니다. 4개에서 2개를 택하는 중복순열의 수를 $_4\Pi_2$라 나타냅니다. $_4\Pi_2$의 계산은 위에서 구한 대로 하면 됩니다.

$$_4\Pi_2 = 4 \times 4 = 4^2 = 16$$

$_5\Pi_3$은 5개에서 중복을 허락하여 3개를 선택하여 일렬로 나열하는 개수를 나타냅니다.

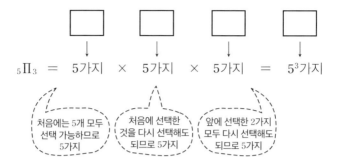

중복순열은 매번 선택할 때마다 선택할 수 있는 개수가 줄어들지 않습니다. 뽑았던 것을 그대로 다시 두고 뽑기 때문입니다. 따라서 전체 개수를 선택하는 개수만큼 곱해 주면 됩니다.

이제 중복순열의 수를 구하는 방법을 거듭제곱을 이용하여 정리해 보겠습니다.

중복순열의 수

서로 다른 n개 중에서 r개를 선택하는 중복순열의 수

$$_n\Pi_r = \underbrace{n \times n \times n \times \cdots\cdots \times n}_{r\text{개}} = n^r$$

2개에서 10개를 선택하는 중복순열도 가능할까요? 물론입니다. 그래서 순열과 다르게 $_2\Pi_{10}$처럼 r이 n보다 큰 것도 계산할 수 있습니다. 중복순열은 퍼내고 퍼내도 마르지 않는 샘물과 같습니다.

중복순열을 적용할 수 있는 상황을 더 알아보겠습니다.

민성이는 명절을 앞두고 선물과 함께 친척들에게 편지를 쓰기로 했습니다. 할아버지, 할머니, 큰고모, 작은고모, 작은고모부, 쌍둥이 사촌 2명 모두 7명에게 말입니다. 그런데 혼자 쓰기에는 너무 많아서 부모님에게 도움을 청하기로 했습니다. 민성이는 자주 보는 오락 프로그램에서 하는 복불복 게임이 생각났습니다. 종이 3장에 엄마, 아빠, 민성이 본인 이름을 적었습니다. 그렇게 3장을 7개씩 만들었습니다. 차례로 한 장씩 뽑아서 처음 뽑힌 사람이 할아버지, 두 번째 뽑힌 사람이 할머니께 차례로 편지를 적기로 하였습니다. 민성이와 부모님이 친척 7명에게 편지를 적을 수 있는 방법은 모두 몇 가지일까요?

민성이와 부모님 모두 '나만 아니면 된다.'라고 생각하고 있을까요? 운이 없으면 부모님에게 도움을 청했던 민성이가 혼자서 7명에게 다 편지를 쓰게 될 수도 있을 것 같습니다.

3명이 7명에서 편지를 적을 수 있는 방법을 정하는 것은 3개에서 7개를 선택하는 중복순열입니다. 3개에서 7개를 택하는 중복순열은 다음과 같이 구할 수 있습니다.

$$_3\Pi_7 = 3^7$$

복불복 게임에서도 수학을 배울 수 있습니다. 잠시 살펴보고 갈까요? 우리가 텔레비전에서 즐겨 보는 〈1박 2일〉이라는 프로그램에서도 복불복 게임이 진행됩니다. 그들의 선택은 시청자에게 많은 웃음을 줍니다. 보통 6개 중에서 3개는 좋은 것, 나머지 3개는 안 좋은 것을 두고 선택을 하게 됩니다. 항상 '니가 먼저 뽑아라.', '내가 먼저 뽑겠다.'고 티격태격하는 모습을 많이 보게 되는데요. 과연 먼저 뽑는 것이 유리할까요, 나중에 뽑는 것이 유리할까요? 1단원에서 배웠던 확률을 이용하여 어떤 것이 더 유리한지 계산을 통해 잠시 알아보고 가겠습니다.

'○'가 3개, '×'가 3개 있다고 합시다. 처음 뽑는 사람이 '○'

를 뽑을 확률은 $\frac{3}{6}=\frac{1}{2}$ 입니다.

두 번째 뽑는 사람이 'ㅇ'를 뽑을 확률은 처음에 뽑은 사람이 어떤 것을 뽑았는가에 따라 달라집니다. 따라서 두 가지 경우로 나눠서 생각해 봐야 합니다.

먼저 처음 사람이 'ㅇ'를 뽑고 두 번째 뽑는 사람도 'ㅇ'를 뽑는 것부터 생각해 봅시다. 처음 사람이 'ㅇ'를 뽑을 확률은 $\frac{3}{6}$입

니다. 그리고 두 번째 뽑는 사람은 남은 5개 중에서 남은 2개의 'ㅇ' 중에서 1개를 골라야 합니다. 경우의 수와 마찬가지로 확률에서도 곱의 법칙을 적용할 수 있습니다. 따라서 처음 사람이 'ㅇ'를 뽑고 이어서 두 번째 사람도 'ㅇ'를 뽑을 확률은 곱의 법칙을 적용하여 $\frac{3}{6} \times \frac{2}{5}$로 구할 수 있습니다.

다음으로 처음 사람이 '×'를 뽑고 두 번째 사람이 'ㅇ'를 뽑는 경우를 생각해 볼 수 있습니다. 처음 사람이 '×'를 뽑을 확률은 $\frac{3}{6}$입니다. 그리고 두 번째 뽑는 사람은 남은 5개 중에서 남은 3개의 'ㅇ' 중에서 1개를 골라야 합니다. 따라서 처음 사람이 '×'를 뽑고 이어서 두 번째 사람은 'ㅇ'를 뽑을 확률은 $\frac{3}{6} \times \frac{3}{5}$으로 구할 수 있습니다.

따라서 두 번째 사람이 'ㅇ'를 뽑을 확률은 합의 법칙을 적용하여 두 확률을 더하면 구할 수 있습니다.

따라서 $\frac{3}{6} \times \frac{2}{5} + \frac{3}{6} \times \frac{3}{5} = \frac{6+9}{30} = \frac{1}{2}$로 구할 수 있습니다.

결국 처음에 뽑으나 두 번째로 뽑으나 'ㅇ'를 뽑을 확률은 $\frac{1}{2}$로 같다는 것을 알 수 있습니다. 같은 방법으로 세 번째부터 여섯 번째로 'ㅇ'를 뽑을 확률을 구해 보면 전부 $\frac{1}{2}$로 구해집니다. 따라서 서로 먼저 뽑겠다고 싸우는 것은 의미가 없습니다.

계속해서 중복순열에 대해서 알아보도록 하겠습니다.

　명절을 앞두고 시골에 계시는 외할아버지께서 과일을 한 박스 보내 주셨습니다. 상자를 열어 보니 사과, 배, 감, 복숭아가 5개씩 들어 있습니다. 아빠, 엄마, 민성이는 과일을 하나씩 골라서 먹기로 했습니다. 민성이네 가족이 과일을 선택할 수 있는 경우의 수는 모두 몇 가지일까요?

　먼저 중복이 허용되는 경우인지 살펴보겠습니다. 과일은 각각 5개씩 들어 있습니다. 따라서 아빠, 엄마, 민성이 3명은 모두 한 과일을 선택하는 것도 가능합니다.

　만약에 과일이 2개씩만 들어 있었다면 아빠, 엄마가 같은 과일을 선택하면 민성이는 그 과일을 선택할 수 없습니다. 이럴 때는 중복을 허용한다고 할 수 없습니다. 하지만 여기서는 5개씩 들어 있다고 했으므로 중복순열이라 생각해도 됩니다.

　선택할 수 있는 전체 과일의 종류는 4가지입니다. 그리고 아빠, 엄마, 민성이 순으로 세 번 선택해야 합니다. 이 상황은 4개에서 3개를 선택하는 중복순열입니다. 따라서 민성이네 가족이 과일을 선택할 수 있는 경우는 $_4\Pi_3 = 4^3$가지입니다.

과일이 5개씩 있다는 것은 중복순열임을 알 수 있게 해 주는 힌트일 뿐이지 계산할 때는 이용되지 않는다는 것을 주의해야 합니다. 다음 예에서도 중복순열을 적용할 수 있을까요?

어젯밤에 아래층에 도둑이 들었다고 합니다. 명절 동안 집을 비워야 하는 민성이네는 걱정입니다. 문단속을 철저히 하는 것은 당연하고 아빠가 이참에 현관 번호 열쇠의 비밀번호를 4자리에서 6자리로 바꾸자고 합니다. 번호 열쇠는 0부터 9까지 10개

의 숫자로 비밀번호를 만들 수 있게 되어 있습니다. 비밀번호를 6자리로 만들면 4자리일 때보다 얼마나 더 많은 경우의 수가 생기는 것일까요?

비밀번호를 정할 때 첫 번째 수를 1로 하기로 했다고 해서 다음 자리에 1이 올 수 없는 것이 아닙니다. 특별한 조건이 없다면 비밀번호를 정하는 것은 중복순열이 됩니다.

먼저 10개의 숫자를 가지고 4자리 비밀번호를 만드는 경우의 수는 $_{10}\Pi_4$입니다. 따라서 $_{10}\Pi_4 = 10^4 = 10,000$가지입니다.

6자리 비밀번호를 만드는 경우의 수도 구해 보겠습니다. 10개의 숫자에서 6개를 선택해서 나열하는 중복순열이므로 $_{10}\Pi_6$으로 구할 수 있습니다. 따라서 $_{10}\Pi_6 = 10^6 = 1,000,000$가지입니다.

4자리 비밀번호는 10,000개, 6자리 비밀번호는 1,000,000개를 만들 수 있습니다. 마찬가지로 6자리로 만들 수 있는 비밀번호의 수는 4자리로 만들 수 있는 비밀번호의 수보다 무려 100배가 더 많습니다. 마치 만 원과 백만 원의 차이처럼 말입니다.

처음에는 핸드폰 번호 가운데 자리가 3자리였습니다. 그러다가 4자리로 바뀌었습니다. 3자리였을 때에도 외우기에 긴 번호

였는데 말이죠. 가운데가 3자리일 때 만들 수 있는 핸드폰 번호의 수는 과연 몇 가지나 될까요?

통신사마다 정해져 있던 맨 앞 3자리를 제외하면 가운데 3자리와 끝 4자리를 합쳐 모두 7자리의 숫자를 정해야 합니다. 0부터 9까지 10개의 숫자로 7개의 숫자를 선택하여 나열하는 경우의 수는 $_{10}\Pi_7 = 10^7 = 10,000,000$개입니다. 그 당시 맨 앞자리로 쓸 수 있었던 통신사 번호는 011, 016, 017, 018, 019 모두 5개가 있었습니다. 따라서 가운데를 3자리로 했을 때 만들 수 있던 핸드폰 번호는 5천만 개를 넘을 수 없었습니다.

하지만 현재 우리나라 인구가 약 5천만 명입니다. 요즘 핸드폰 없는 사람이 거의 없고, 여러 개를 가지고 있는 사람도 많습니다. 핸드폰 번호를 한 자리를 더 늘릴 수밖에 없다는 것을 알 수 있습니다.

핸드폰 번호 가운데 자리가 4자리가 되면 어떻게 될까요? 맨 앞 3자리를 제외한 가운데 4자리와 끝 4자리의 8자리의 숫자를 정하는 경우의 수는 $_{10}\Pi_8 = 10^8 = 100,000,000$가지입니다. 맨 앞자리가 모두 같은 번호로 통합이 된다고 하더라도 1억 개의 번호를 만들 수 있습니다. 이것은 갓 태어난 아기를 포함한 우리나라의 모든 국민이 핸드폰을 2개씩 가져도 되는 어마어마한 숫자입니다.

먼 미래에 우리나라의 인구가 계속 늘어서 1억 명이 넘는다면 핸드폰 번호가 한 자리 더 늘어날 수도 있겠지요?

중복순열의 계산은 간단합니다. 같은 숫자를 여러 번 곱하면 됩니다. 하지만 어떤 숫자를 몇 번 곱할지 정하는 것에서 혼동이 많이 옵니다. 전체 대상이 되는 숫자를 선택하는 횟수만큼 곱한다는 사실을 기억합시다.

❶ 서로 다른 n개에서 중복을 허용하여 r개를 택하는 순열을 중복순열이라 하며 기호 $_n\Pi_r$로 나타냅니다.

❷ **중복순열의 수**

서로 다른 n개 중에서 r개를 선택하는 중복순열의 수

$$_n\Pi_r = \underbrace{n \times n \times n \times \cdots\cdots \times n}_{r\text{개}} = n^r$$

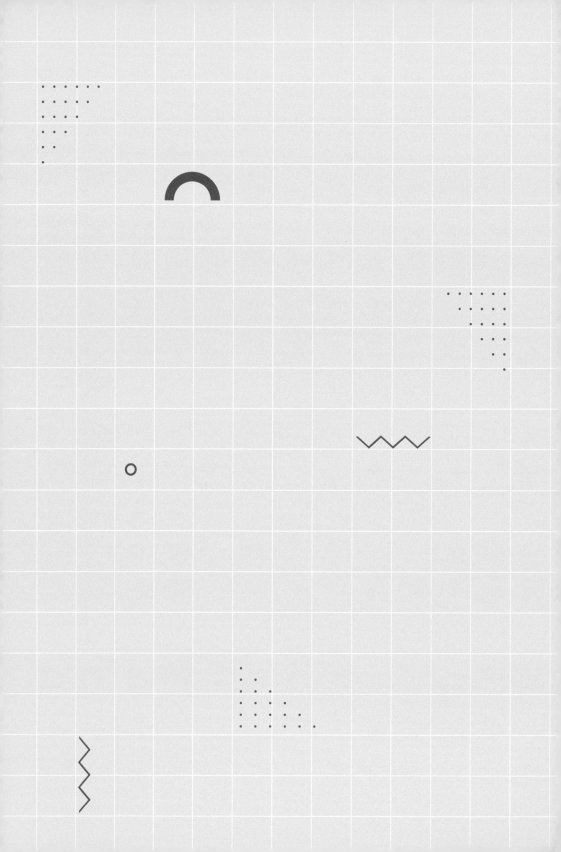

같은 것이
있는 순열

같은 것이 있을 때 뽑아서
나열하는 경우의 수를 구해 봅시다.

1. 같은 색이 여러 개 있는 링을 막대에 끼우는 경우의 수를 구해 보면서 같은 것이 있는 순열의 수를 구하는 방법을 알아봅니다.
2. 쿠키 공평하게 나눠 먹기, 봉사 활동 계획 세우기, MP3에 노래 넣기 등의 경우의 수를 구할 때 같은 것이 있는 순열의 수를 이용합니다.

미리 알면 좋아요

1. **합의 법칙** 두 사건 A, B가 동시에 일어나지 않을 때, 사건 A, B가 일어나는 경우의 수를 각각 m, n가지라 하면, 사건 A 또는 B가 일어나는 경우의 수는 $(m+n)$가지입니다.

2. **곱의 법칙** 두 사건 A, B에 대하여 사건 A, B가 일어나는 경우의 수를 각각 m, n가지라 하면, 두 사건 A, B가 이어서 일어나는 경우의 수는 $(m \times n)$가지입니다.

파스칼의
다섯 번째 수업

민성이는 동생 은성이가 장난감을 가지고 노는 것을 도와주고 있습니다. 모양과 크기가 같은 빨간색 링 3개, 노란색 링 2개, 파란색 링 1개를 막대에 끼우는 장난감입니다. 은성이는 링을 막대에 끼우지는 않고 자꾸 던지기만 합니다. 이제 걸음마 중인 은성이에게는 막대에 링을 끼우는 것이 힘든 모양입니다. 은성이가 링을 던지고 물어뜯는 것을 지켜보던 민성이는 갑자기 막대에 링을 끼우는 방법은 모두 몇 가지가 있을까 궁금해졌습니다.

빨간색 링 3개, 노란색 링 2개, 파란색 링 1개가 있는데

은성이가 어려서 막대에 하나도 끼우질 못하네.

이젠 던지기를 포기하고 링을 입으로 물어뜯는군.

민성이가 동생이랑 잘 놀아 주는구나.

그런데 막대에 링을 끼우는 방법은 모두 몇 가지가 있을까요?

같은 색의 링이 있다는 걸 주의하고 알아보렴.

6개의 링을 막대에 차례대로 끼우는 방법의 수를 구하는 것은 6개에서 6개를 다 택하여 나열하는 순열의 수를 구하는 것과 같습니다. 따라서 $6! = 6 \times 5 \times 4 \times 3 \times 2 \times 1 = 720$가지로 구할 수 있습니다.

하지만 문제는 같은 색 링이 있다는 것입니다. 즉, 같은 색 링 때문에 720가지가 모두 다른 경우가 될 수 없는 것입니다. 그렇다면 같은 것이 있을 경우는 순열의 수가 어떻게 달라지는지 직접 한번 구해 보도록 하겠습니다.

일단 같은 것이 한 가지 종류만 있을 때를 먼저 알아보면서 구하는 방법을 생각해 보겠습니다. 빨간색 링 3개를 저쪽으로 치우겠습니다.

이제 노란색 링 2개와 파란색 링 1개만 남았습니다. 그리고 앞에서 배운 순열을 이용하기 위해 노란색 링에 숫자 1, 2를 써서 2개를 서로 다른 링으로 일단 만들겠습니다. 그런 다음 3개의 링을 나열하는 경우를 모두 나열해 보도록 하겠습니다. 3개의 링을 나열하는 순열의 수는 $3! = 3 \times 2 \times 1 = 6$가지라는 것을 금방 알 수 있습니다.

파	노	노		파	노	노
	1	2			2	1
노	파	노		노	파	노
1		2		2		1
노	노	파		노	노	파
1	2			2	1	

계산한 대로 6가지 경우가 생기는군요. 이 그림에서 노란색에 썼던 숫자를 지워 보도록 하겠습니다.

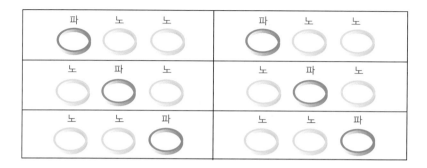

숫자를 지우고 나니 첫 번째 줄의 2가지 경우가 같습니다. 두 번째 줄과 세 번째 줄도 마찬가지입니다. 즉, 각 줄의 2가지는 실제로는 1가지인 것입니다. 즉, 파란색 링의 자리만 같다면 노란색 링 2개가 자리를 바꾸는 것은 모두 같은 경우가 되는 것입니다.

노란색 링 2개를 나열하는 경우의 수는 2가지이므로 모두 2개씩 같은 경우가 생깁니다. 경우의 수가 반으로 줄어드는 것이지요.

따라서 좀 전에 구해 놨던 6가지를 2로 나누면 3가지가 답이 됩니다. 즉, $\dfrac{3!}{2!}$＝3가지가 되는 것입니다.

그럼 이제 아까 잠시 치워 두었던 빨간색 링 3개도 넣어서 계산해 보겠습니다. 마찬가지 방법으로 빨간색 링 3개가 자리를 바꾸는 경우는 모두 같은 경우가 되므로 그 경우의 수만큼 나눠 줘야 합니다.

따라서 다음과 구할 수 있습니다.

(빨간색 링 3개, 노란색 링 2개, 파란색 링 1개의 총 6개의 링을 막대에 배열하는 순열의 수)

$$= \frac{(전체\,6개의\,링을\,배열하는\,순열의\,수)}{(빨간색\,링\,3개를\,배열하는\,순열의\,수)\times(노란색\,링\,2개를\,배열하는\,순열의\,수)}$$

$$= \frac{6!}{3! \times 2!}$$

$$= 60가지$$

이와 같은 순열을 같은 것이 있는 순열이라 부릅니다. 같은 것이 있는 순열을 구하는 방법은 전체를 나열하는 순열의 수를 각각의 같은 것이 있는 것들을 나열하는 순열의 수로 나눠 주면 됩니다. 같은 것이 있는 순열을 구하는 방법을 정리해 보겠습니다.

쏙쏙 이해하기

같은 것이 있는 순열의 수

n개 가운데 서로 같은 것이 각각 p, q, …… s개씩 들어 있을 때, 이들을 모두 택하는 순열의 수

$$\frac{n!}{p! \times q! \times \cdots \times s!}$$

같은 것이 있는 순열의 수의 공식을 이용하려면 중요한 것은 전체를 전부 선택해서 나열해야 한다는 것입니다. 같은 것이 있더라도 그중 일부분을 선택하여 나열하는 상황이라면 복잡해집니다. 어떤 것을 선택하느냐에 따라 같은 것의 개수가 달라지기 때문이죠. 다음 상황을 살펴보겠습니다.

민성이 엄마가 간식으로 쿠키 20개를 가지고 왔습니다. 엄마는 민성이와 은성이가 가위바위보를 해서 이긴 사람에게는 3개, 진 사람에게는 1개를 그리고 비겼을 때는 똑같이 2개씩 준다고 합니다. 사이좋은 남매인 민성이와 은성이가 공평하게 10개씩 나눠 가질 수 있는 경우의 수는 모두 몇 가지일까요?

가위바위보를 할 때마다 민성이와 준영이가 엄마로부터 받는 쿠키의 합은 3＋1＝4 또는 2＋2＝4로 모두 4개입니다. 따라서 가위바위보를 다섯 번 해야 하는 것을 먼저 알아야 합니다.

쿠키를 똑같이 10개씩 받았다는 것은 다섯 번의 가위바위보에서 승과 패가 똑같았다는 이야기가 됩니다. 즉, 가능한 결과는 1승 1패 3무, 2승 2패 1무 또는 5무 이렇게 3가지입니다.

이 3가지 경우는 동시에 일어나지 않는 경우이므로 합의 법칙을 이용해야 합니다. 따라서 각각의 경우의 수를 구한 다음 더해 주면 됩니다.

가위바위보를 다섯 번 해서 결과가 1승 1패 3무라는 것은 승한 번, 패 한 번, 무승부 세 번의 5개를 일렬로 나열하는 경우의 수와 같습니다. 따라서 $\frac{5!}{3!} = 20$가지입니다.

또한 2승 2패 1무는 승 두 번, 패 두 번, 무승부 한 번의 5개를 일렬로 나열하는 경우의 수를 구하는 것과 같습니다.

따라서 $\dfrac{5!}{2! \times 2!}$＝30가지입니다.

마지막으로 5무는 무승부 다섯 번의 5개를 일렬로 나열하는 경우의 수를 구하는 것과 같습니다. 따라서 $\dfrac{5!}{5!}$＝1가지입니다.

그러므로 두 사람이 공평하게 10개씩 나눠 가지는 경우의 수는 20＋30＋1＝51가지입니다.

간식을 먹고 배가 부른 은성이는 낮잠을 잡니다. 민성이는 겨울 방학을 앞두고 봉사 활동 계획을 세우려고 합니다. 한 종합 사회 복지관에서는 다음과 같은 4가지 봉사 활동 프로그램을 매일 운영하고 있다는 것을 알았습니다.

프로그램	A	B	C	D
봉사 활동시간	1시간	2시간	3시간	4시간

민성이는 이 종합 사회 복지관에서 5일간 매일 하나씩의 프로그램에 참여하여 5번의 봉사 활동 시간 합계가 8시간이 되도록 다음 페이지와 같은 봉사 활동 계획서를 작성하려고 합니다. 작성할 수 있는 봉사 활동 계획서는 모두 몇 가지일까요?

일주일 중 평일 5일간 매일 하나씩의 프로그램에 참여해서 총 8시간 봉사하려면 봉사 활동 계획서를 어떻게 작성하지?

하루에 4시간을 하고 다른 4일은 1시간씩 할까?

아냐! 아냐!

민성아. 이미 봉사 활동 시작했거든. 계획서만 짜고 봉사 활동은 언제 할 건데?

프로그램	A	B	C	D
봉사 활동 시간	1시간	2시간	3시간	4시간

먼저 민성이가 날짜에 관계없이 5일 동안 8시간을 하는 방법부터 생각해 보겠습니다. 1부터 4까지 수를 사용하여 5개의 숫자를 더해 8을 만들 수 있는 방법을 찾아보면 됩니다. 만약 4시간을 하는 날이 하루 있다면 나머지 4일은 모두 1시간 프로그램에 참여해야 합니다. 즉, A 4일과 D 1일을 할 수 있습니다. 3시간을 하는 날이 하루 있다면 나머지 4일 동안 5시간을 해야 하므로 3일은 1시간, 1일은 2시간 프로그램을 해야 합니다. 즉, A 3일, B 1일, C 1일을 할 수 있습니다.

<봉사 활동 계획서>

성명 :

참여일	참여프로그램	봉사 활동 시간
2024. 12. 14(월)		
2024. 12. 15(화)		
2024. 12. 16(수)		
2024. 12. 17(목)		
2024. 12. 18(금)		
봉사 활동 시간 합계		8시간

3시간과 4시간 프로그램 없이 5일 동안 8시간을 채우려면 3일은 2시간, 2일은 1시간 프로그램을 해야 합니다. 즉, A 2일, B 3일을 할 수 있습니다. 일단 날짜에 상관없이 5일 동안 8시간을 채우는 방법은 3가지가 있습니다. 이제 어느 프로그램에 언제 참여할지 순서를 정해야 합니다.

먼저 A 4일과 D 1일을 일렬로 나열하는 순열의 수는 $\frac{5!}{4!}=5$ 가지입니다. 두 번째로 A 3일과 B 1일, C 1일을 일렬로 나열하는 순열의 수는 $\frac{5!}{3!}=20$가지입니다.

마지막으로 A 2일과 B 3일을 일렬로 나열하는 순열의 수는 $\dfrac{5!}{2!\times 3!}=10$가지입니다. 따라서 봉사 활동 계획서를 세울 수 있는 경우의 수는 $5+20+10=35$가지입니다.

봉사 활동 계획을 세운 다음 민성이는 MP3를 꺼냈습니다. 5곡의 노래를 MP3에 넣으려고 합니다. 아이브를 좋아하는 민성이는 블랙핑크의 노래는 아이브의 노래보다 항상 뒤쪽에 넣고 싶습니다. 민성이가 원하는 대로 MP3에 노래를 넣는 방법은 모두 몇 가지일까요?

5개의 노래에 다음과 같이 이름을 붙이겠습니다.

블랙핑크   아이브   노래A   노래B   노래C

블랙핑크와 아이브의 이름은 지우도록 하겠습니다.

노래A   노래B   노래C

이제 첫 번째와 두 번째 노래는 같은 것으로 생각할 수 있습니다. 이 상태에서 5곡의 노래를 나열해 보도록 하겠습니다. 5개 중에서 2개는 같은 것이 있는 순열이 됩니다. 따라서 $\dfrac{5!}{2!}=5\times 4\times 3=60$가지입니다.

이제 이름이 없는 두 노래에 다시 블랙핑크와 아이브의 이름을 적어 넣겠습니다. 단, 아이브를 앞쪽에 블랙핑크를 뒤쪽에 적어 넣습니다. 예를 들어 다음과 같이 나열된 경우를 봅시다.

여기에 아이브와 블랙핑크를 차례로 적으면 다음과 같이 됩니다.

이와 같은 작업을 해 주면 5곡을 나열한 모든 경우에서 아이브의 노래가 블랙핑크의 노래보다 앞에 있게 됩니다.

따라서 아이브의 노래가 블랙핑크의 노래보다 앞쪽에 있도록 5곡의 노래를 나열하는 방법의 수는 블랙핑크와 아이브의 노래를 같은 것으로 봐서 5개 중에서 2개가 같은 것이 있는 순열을 나열하는 경우의 수와 같습니다.

그러므로 모두 60가지로 구할 수 있습니다.

같은 것이 있는 순열은 중복순열과 혼동하는 친구들이 있습니다. 비슷해 보이지만 많은 차이가 있습니다. 같은 것이 있는 순열은 선택 대상의 문제이고, 중복순열은 선택 횟수의 문제입니다. 즉, 같은 것이 있는 순열은 선택해야 되는 대상이 여러 개인 것이고, 중복순열은 선택하는 횟수를 여러 번 할 수 있다는 것입니다.

❶ 같은 것이 있는 순열의 수

n개 가운데 서로 같은 것이 각각 $p, q, \cdots\cdots, s$개씩 들어 있을 때, 이들을 모두 택하는 순열의 수

$$\frac{n!}{p! \times q! \times \cdots\cdots \times s!}$$

❷ 순서가 정해진 순열의 수는 순서가 정해진 것을 같은 것으로 보고, 같은 것이 있는 순열의 수를 구하는 방법을 이용합니다.

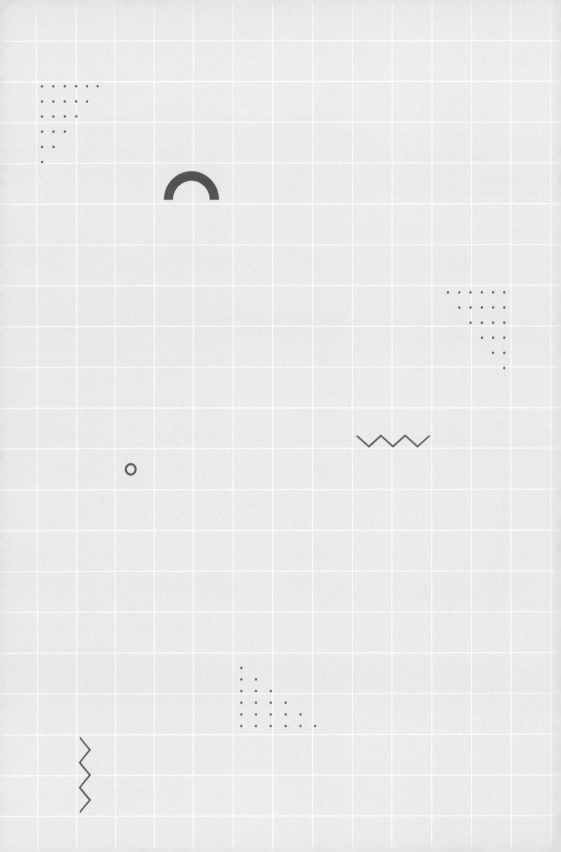

직사각형 도로망에서 최단 경로 문제

가장 빨리 갈 수 있는 길은
몇 가지나 되는지 세어 봅시다.

다양한 도로에서 가장 빨리 갈 수 있는 길의 경우의 수를 구하는 데 같은 것이 있는 순열의 수를 이용합니다.

미리 알면 좋아요

1. **합의 법칙** 두 사건 A, B가 동시에 일어나지 않을 때, A 또는 B가 일어나는 경우의 수는 각각의 경우의 수를 더하여 구합니다.

2. **곱의 법칙** 두 사건 A, B에 대하여 A, B가 이어서 일어나는 경우의 수는 각각의 경우의 수를 곱하여 구합니다.

파스칼의
여섯 번째 수업

추석이 되어 민성이는 할아버지 댁에 인사를 드리러 가려고 합니다. 아침부터 민성이네는 할아버지 댁에 갈 준비로 정신이 없습니다. 선물도 챙기고 며칠 전에 미리 쓴 편지들도 다 챙겨서 차에 탑니다. 다음 페이지의 그림은 민성이네 집에서 할아버지 댁까지 가는 도로를 그린 것입니다. 가장 빠른 길로 할아버지 댁에 가는 방법은 모두 몇 가지일까요?

자, 다음 페이지로 넘어가 봅시다.

할아버지 댁은 민성이네 집에서 오른쪽 위에 있습니다. 가장 빠른 길로 가려면 일단은 왼쪽이나 아래쪽으로는 가면 안 됩니다. 오른쪽으로는 3칸, 위쪽으로는 2칸을 가야 합니다. 위쪽으로 2칸을 간 다음 오른쪽으로 3칸을 갈 수도 있습니다. 오른쪽으로 1칸을 가고 위쪽으로 2칸을 간 다음 다시 오른쪽으로 2칸을 가도 됩니다.

결국, 할아버지 댁에 가는 길은 오른쪽으로 가는 길 3칸과 위쪽으로 가는 길 2칸의 순서를 정해 주면 하나씩 정해집니다. 오른쪽으로 가는 길 한 칸을 a라 하고, 위쪽으로 가는 길 한 칸을 b라고 해 봅시다. 그러면 할아버지 댁에 가는 방법은 a 3개와 b 2개의 순서를 정해 주는 방법과 같게 됩니다.

예를 들어 $aabab$는 다음의 경우를 나타냅니다.

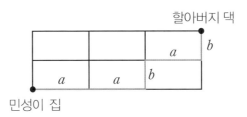

그리고 $abaab$는 다음의 경우를 나타냅니다.

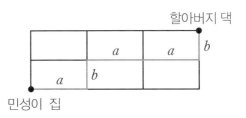

a 3개, b 2개를 나열하는 것은 앞에서 배운 같은 것이 있는 순열입니다. 따라서 $\dfrac{5!}{3! \times 2!} = 10$가지입니다.

직사각형 모양의 도로에서 가장 빠른 길을 찾는 것은 앞에서 배운 같은 것이 있는 순열을 이용하면 간단하게 풀 수 있습니다.

같은 방향의 길 각각을 같은 것으로 보면 됩니다. 직접 연필로 길을 그어 가면서 세는 것보다는 계산 한 번으로 매우 쉽게 구할 수 있습니다.

만약에 중간에 지나갈 수 없는 길이 있는 경우는 어떻게 구하면 되는지 다음 상황을 통해 알아봅시다.

추석날 할아버지 댁에서 차례를 지낸 민성이네 가족은 성묘를 가기로 했습니다. 민성이의 증조할아버지는 국립묘지에 안치되어 계십니다. 할아버지께서 며칠 전부터 법원 앞 사거리가 공사 중으로 지나갈 수가 없다고 합니다. 아래 그림에 표시된 곳이 법원 앞 사거리입니다. 민성이네 가족이 국립묘지에 가는 가장 빠른 길은 모두 몇 가지일까요?

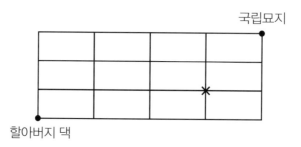

자, 여기서 우리는 일반적인 경우와 반대로, 공사 중인 곳을 지나가는 경우의 수를 구할 수 있을까요? 그럴 수만 있다면 전체 경우의 수에서 빼 주면 됩니다.

일단 전체 경우의 수는 오른쪽 길 4칸, 위쪽 길 3칸을 나열하는 경우의 수로 구해 주면 됩니다. 따라서 $\dfrac{7!}{4! \times 3!} = 35$가지입니다.

공사 중인 곳을 지나는 할아버지 댁에서 국립묘지에 가는 것은 할아버지 댁에서 공사 중인 곳까지 가서 연이어 공사 중인 곳에서 국립묘지까지 가는 것과 같습니다. 즉, 각각의 경우의 수를 구하여 곱의 법칙을 적용하면 됩니다.

먼저 할아버지 댁에서 공사 중인 곳까지는 오른쪽 길 3칸, 위쪽 길 1칸이므로 $\dfrac{4!}{3!}$=4가지입니다.

그리고 공사 중인 곳에서 국립묘지까지는 오른쪽 길 1칸, 위쪽 길 2칸이므로 $\dfrac{3!}{2!}$=3가지입니다. 곱의 법칙을 적용하면 모두 4×3=12가지입니다. 따라서 구하는 답은 35-12=23가지입니다. 이제 도로가 직사각형 모양이 아닌 경우에 가장 빠른 길의 경우의 수를 구하는 방법을 알아보겠습니다.

와아~ 이젠 외할머니를 뵈러 가는군요.

민성아, 또 가장 빠른 길을 찾아보렴.

물론이죠. 가장 빠른 길 찾는 건 제가 전문이에요.

하지만 외가 가는 길은 직사각형 모양이 아니니 잘 찾아봐.

언제나 저에게 도전 과제가 주어지지만 이번에도 문제없이 해결할 수 있어요.

외가

국립묘지

성묘를 마친 민성이네는 바로 외가로 향합니다. 외가는 멀리 떨어져 있는 시골이어서 자주 가지 못하는 민성이는 오랜만에 외가에 갈 생각에 기분이 좋습니다. 아래는 외가까지 가는 도로를 그려 둔 것입니다. 민성이네 가족이 국립묘지에서 외가에 가는 가장 빠른 길은 모두 몇 가지일까요?

국립묘지에서 외갓집에 가려면 P점 또는 Q점을 지나야 합니다.

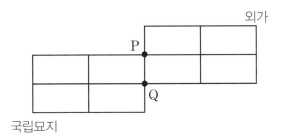

따라서 국립묘지에서 외가까지 가는 경우의 수는 P점을 지나서 가는 경우의 수와 Q점을 지나서 가는 경우의 수의 합으로 구할 수 있습니다. 먼저 P점을 지나는 경우의 수를 구해 보겠습니다. 국립묘지에서 P점까지는 오른쪽 길 2개, 위쪽 길 2개이므로 $\dfrac{4!}{2! \times 2!} = 6$가지입니다.

P점에서 외갓집까지는 오른쪽 길 2개, 위쪽 길 1개이므로 $\frac{3!}{2!}$ =3가지입니다.

따라서 국립묘지에서 P점을 지나 외가에 가는 경우의 수는 6×3=18가지입니다. 이번에는 같은 방법으로 Q점을 지나서 가는 경우의 수를 구해 보겠습니다. 국립묘지에서 Q점까지는 오른쪽 길 2개, 위쪽 길 1개이므로 $\frac{3!}{2!}$ =3가지입니다. Q점에서 외갓집까지는 오른쪽 길 2개, 위쪽 길 2개이므로 $\frac{4!}{2! \times 2!}$ =6가지입니다.

따라서 국립묘지에서 Q점을 지나 외갓집에 가는 경우의 수는 3×6=18가지입니다. 그러므로 18+18=36가지로 구할 수 있습니다.

이와 같이 직사각형 모양의 도로에서 변형된 형태의 문제는 꼭 지나가야 되는 점들을 골라 각 점을 지나가는 경우의 수를 합하여 구해 주면 됩니다.

이때 점을 선택하는 것이 중요한데 되도록이면 적은 수이면서 그 점들 중에 하나는 꼭 지나야 하도록 고르는 것이 중요합니다. 다음 상황에서 연습을 한 번 더 해 볼까요?

외가에 도착한 민성이네는 외할머니께서 차려 둔 맛있는 음

식을 먹습니다. 점심을 먹은 후, 민성이는 소화를 시킬 겸 오랜만에 만난 이모들과 함께 외할아버지께서 하시는 과수원까지 산책을 가기로 했습니다. 외갓집에서 과수원 가는 중간에는 호수가 하나 있습니다. 외갓집에서 과수원까지 가는 도로가 다음 페이지의 그림과 같을 때, 갈 수 있는 가장 빠른 길은 모두 몇 가지일까요?

외가와 과수원 사이에 대각선을 그려 보겠습니다.

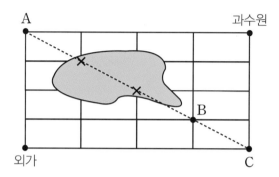

외가에서 과수원으로 가려면 대각선 위의 점 중 하나는 꼭 지나야 합니다. 호수 때문에 갈 수 없는 두 점을 제외한 나머지 세 점 A, B, C 중 하나의 점은 지나야 합니다.

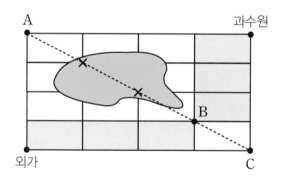

먼저 A를 지나서 가는 경우는 1가지밖에 없습니다. 마찬가지로 C를 지나서 가는 경우도 1가지입니다.

이제 B를 지나서 가는 경우의 수만 구해 주면 됩니다. 외가에서 B점까지는 오른쪽 길 3개와 위쪽 길 1개로 이루어져 있습니다. 따라서 가는 경우의 수는 $\dfrac{4!}{3!}=4$가지입니다.

마찬가지로 B점에서 과수원까지는 오른쪽 길 1개와 위쪽 길 3개로 이루어져 있습니다. 따라서 경우의 수는 $\dfrac{4!}{3!}=4$가지입니다.

결국 B를 지나서 외가에서 과수원까지 가는 경우의 수는 $4 \times 4 = 16$가지입니다.

외가에서 과수원까지 가는 것은 A 또는 B 또는 C를 지나서 가는 경우의 수를 구하는 것이므로 합의 법칙을 적용하면 $1+16+1=18$가지입니다.

❶

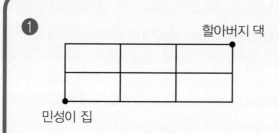

위의 도로에서 오른쪽 길을 a, 위쪽 길을 b로 나타내면 $aabab$

는 다음과 같습니다.

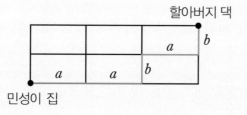

❷ 가장 빠른 길로 가는 경우의 수는 같은 것이 있는 순열의 수

를 이용하여 구합니다.

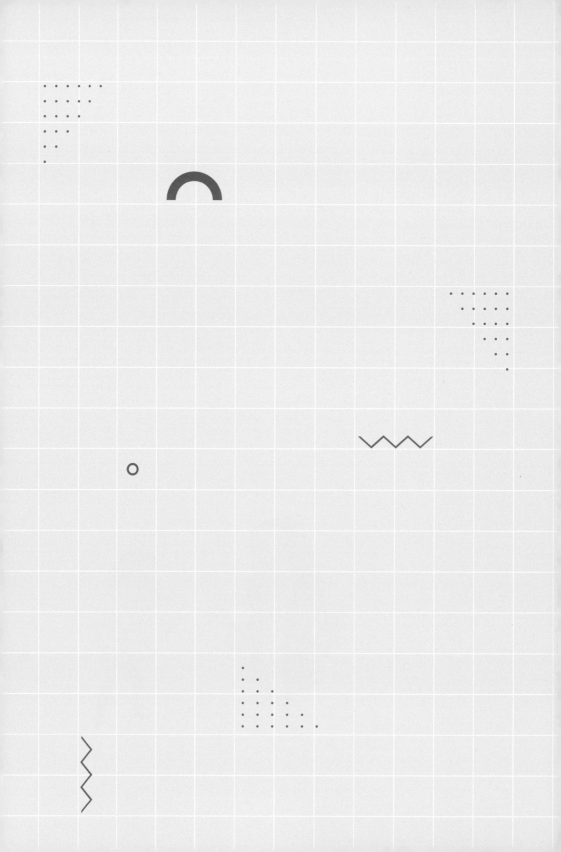

원순열의
개수 구하기

원형으로 나열하는 경우의 수를 구해 봅시다.

1. 원형으로 된 장난감에 부속 장난감을 꽂는 경우의 수를 구해 보면서 원순열의 뜻을 알고 원순열의 수를 구하는 방법을 알아봅니다.

2. 원형, 정사각형, 직사각형의 식탁에 앉히기, 주사위 만들기 등의 경우의 수를 구하는 데 원순열의 수를 이용합니다.

미리 알면 좋아요

1. **합의 법칙** 두 사건 A, B가 동시에 일어나지 않을 때, A 또는 B가 일어나는 경우의 수는 각각의 경우의 수를 더하여 구합니다.

2. **곱의 법칙** 두 사건 A, B에 대하여 A, B가 이어서 일어나는 경우의 수는 각각의 경우의 수를 곱하여 구합니다.

파스칼의
일곱 번째 수업

동그란 원판 위에 3개의 서로 다른 부속 장난감을 끼우면 되는 장난감이 있습니다. 끼우는 부분의 모양은 같기 때문에 가각의 부속 장난감은 어느 곳에 끼워도 됩니다. 민성이가 부속 장난감을 끼우는 방법은 모두 몇 가지일까요?

순열의 뜻을 다시 한번 살펴볼까요? 전체에서 몇 개를 선택하여 일렬로 나열하는 것을 순열이라고 했습니다.

이때, 선택할 때 중복을 허락하면 중복순열이 됩니다. 이번에는 일렬로 나열하는 것이 아니라 원형으로 나열하는 것이 대해서 생각해 보도록 하겠습니다.

첫 번째 세로줄은 A가 맨 위에 오는 2가지 경우, 두 번째 세로줄은 B가 맨 위에 오는 2가지 경우, 세 번째 세로줄은 C가 맨 위에 오는 2가지 경우로 모두 6가지 경우가 생깁니다.

A→B→C	B→C→A	C→A→B	
(A / B C)	(B / C A)	(C / A B)	A ← C, B 원형 방향
A→C→B	B→A→C	C→B→A	
(A / C B)	(B / A C)	(C / B A)	A ← B, C 원형 방향

이번에는 표의 가로 방향으로 생각해 보겠습니다. 동생이 첫 번째 가로줄에 만들어진 장난감 모두 A 위치에 앉아서 장난감을 가지고 논다고 생각하면 오른쪽에는 B 장난감이 왼쪽에는 C 장난감이 놓이게 됩니다. 결국 같은 장난감이라고 생각해도 된다는 것입니다. 3가지 경우 모두 한쪽 방향으로 회전시키면 모두 겹쳐집니다.

결국 직선으로 나열한 A→B→C, B→C→A, C→A→B의 3가지는 원형으로 나열한 ⌒의 1가지와 같습니다. 두 번째 가로줄에 있는 3가지도 같은 방향으로 회전시키면 겹쳐지므로 모두 같은 경우입니다. 따라서 부속 장난감 3개를 원형으로 끼우는 경우의 수는 2가지밖에 없습니다.

이해를 돕기 위해 예를 들어 보겠습니다. 빨간색, 노란색, 파란색이 연결된 팔찌 하나가 있습니다. 이 팔찌의 한 곳을 끊어 보겠습니다. 물론 색깔의 경계선에서 말이죠.

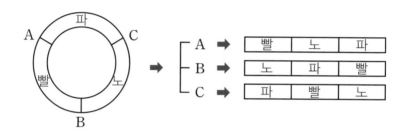

같은 팔찌인데도 어느 곳에서 끊는가에 따라서 3개의 다른 모양이 나옵니다. 원형으로 나열했을 때는 같은 경우지만 어느 곳을 시작점으로 잡는가에 따라서 직선으로 나열하면 3가지 경우가 나오는 것입니다.

만약 무조건 A점에서만 끊어야 한다는 조건이 있다면 어떻게 될까요? 즉, 시작점은 A로 고정시킵니다. 그러면 당연히 팔찌는 1가지 경우로만 직선으로 만들 수 있습니다. 원형으로 된 팔찌 하나를 직선으로 된 팔찌 하나로 만들 수밖에 없으므로 경우의 수는 변하지 않습니다.

이것을 그대로 원형으로 나열하는 순열의 수를 구하는 데 이용하겠습니다. 원형으로 나열한 순열을 간단히 줄여서 '원순열'이라 부릅니다.

원순열의 수를 구할 때는 일단 하나를 선택하여 한 자리에 고정시킵니다. 이때, 고정시킨 하나의 자리는 이미 정해진 것이므로 순열의 수를 구할 때 영향을 주지 않습니다. 하나를 고정시켰다는 것은 좀 전에 설명한 것처럼 원형의 팔찌를 고정시킨 곳에서 끊었다는 이야기가 됩니다.

팔찌를 끊으면 처음과 끝이 있는 직선 모양이 됩니다. 이제부터는 일렬로 나열하는 순열의 수를 구하는 것과 같아지는 것이지요. 즉, 고정시킨 하나를 제외한 나머지를 일렬로 나열하는 순열의 수를 구하면 결국 원순열의 수를 구하는 것과 같아집니다.

앞의 문제를 이 방법으로 풀어 보겠습니다. 먼저 3개의 부속 장난감을 끼울 때 맨 위쪽에 끼우는 것을 하나 정합니다. A를 끼우도록 하겠습니다. 물론 다른 것을 끼워도 됩니다. 이제 B와 C 2개의 부속 장난감만 끼우면 되는군요.

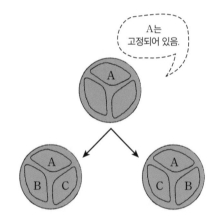

위의 그림처럼 B와 C를 나머지에 끼우는 방법은 2가지밖에 없습니다. 따라서 3개를 나열하는 원순열의 수는 $(3-1)! = 2!$ $= 2$가지입니다.

원순열의 수를 구하는 방법을 정리해 보겠습니다.

원순열의 수

서로 다른 n개의 원소로 만드는 원순열의 수

$$(n-1)!$$

원순열은 고정시키는 하나를 제외한 나머지를 일렬로 배열하는 순열의 수와 같습니다. 이제 더 나아가 원순열과 앞에서 배웠던 다른 순열의 수가 결합된 상황을 살펴보도록 하겠습니다.

오늘은 아빠 친구 모임이 있는 날입니다. 항상 4명이 모이는데 이번에는 가족이 모두 모이기로 해서 네 가족의 구성원이 모두 모였습니다. 어른들과 아이들이 따로 저녁을 먹고 있습니다. 부부 4쌍은 원형으로 된 식탁에 앉으려고 합니다. 부부끼리는 이웃해서 앉으려고 할 때, 4쌍의 부부가 원탁에 앉는 경우의 수는 모두 몇 가지일까요?

이 문제는 이웃하는 순열과 원순열을 모두 알아야 풀 수 있습니다. 먼저 이웃해야 하는 것들끼리는 한 묶음으로 생각하겠습니다. 모든 부부는 이웃해서 앉아야 하므로 모두 4개의 묶음을 만들 수 있습니다.

우선 이 4개의 묶음을 원모양으로 나열합니다. 그런 다음, 한 묶음 안에서 나열하는 경우의 수를 다시 생각해야 합니다.

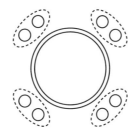

따라서 다음과 같습니다.

(부부끼리 이웃하게 4쌍의 부부를 원형의 식탁에 앉히는 경
우의 수)

$=$(4개의 묶음을 나열하는 원순열의 수)

$\times$(각 묶음 안에서 나열하는 순열의 수)

$=(4-1)! \times 2! \times 2! \times 2! \times 2!$

$=6 \times 16$

$=96$가지

원형이 아니라 다른 도형에 배열하는 경우의 수도 원순열의
수를 이용하여 구할 수 있을까요? 한번 알아보겠습니다.

아이들은 모두 8명입니다. 아이들은 정사각형 모양의 식탁에 앉으려고 합니다. 한쪽 변에 2명씩 앉으면 될 것 같습니다. 민성이를 포함한 8명의 아이들이 정사각형 모양의 식탁에 앉는 방법은 모두 몇 가지일까요?

만약에 원형으로 된 식탁이었다면 8개를 나열하는 원순열의 수이므로 $(8-1)! = 7!$로 간단히 구할 수 있습니다. 그런데 정사각형의 경우는 원순열과 다른 점이 있을까요?

8명의 아이들에게 A, B, C, D, E, F, G, H라고 이름을 붙여 보겠습니다. 일단 순서대로 한번 앉혀 보겠습니다.

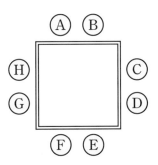

그런데 시계 방향으로 한 칸씩만 이동하게 되면 어떤가요? 처음 앉았던 짝과는 모서리를 기준으로 떨어지고 짝이 바뀌게 됩니다.

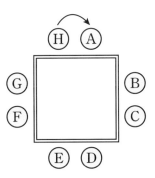

그럼 한 칸씩 옮기기 전과 같다고 할 수 없습니다. 같은 방향으로 또 한 번 한 칸씩 옮겨 봅시다.

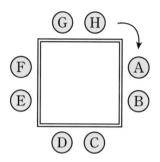

위치는 바뀌었지만 처음에 경우와 같다고 할 수 있습니까? 짝이 다시 같아졌고 정사각형 모양의 식탁이므로 같은 배열이라 할 수 있습니다.

원순열에서는 어느 하나를 어떤 자리에 고정을 하든지 상관이 없었습니다. 하지만 정사각형에서는 한 모서리의 왼쪽에 고정시키느냐, 오른쪽에 고정시키느냐에 따라 다른 배열이 됩니다. 즉, 특정한 A를 고정시킬 수 있는 경우의 수가 2가지가 되고, A를 고정시키고 나머지를 나열하는 경우의 수는 7!이므로 8명을 정사각형 모양의 식탁에 나열하는 경우의 수는 2×7!가 됩니다.

그럼 직사각형 모양의 식탁인 경우는 어떻게 될까요?

직사각형 모양의 탁자는 가로와 세로의 길이가 다르므로 A를 4번 옮겨 주어야 처음과 같은 모양의 배열이 됩니다.

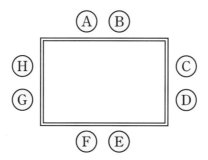

A가 고정될 수 있는 자리가 가로변의 왼쪽, 오른쪽과 세로변의 왼쪽, 오른쪽으로 모두 4자리가 생깁니다.

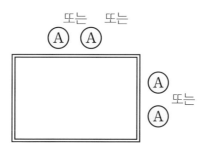

따라서 $4 \times 7!$가 됩니다.

이번에는 입체도형에 배열하는 방법을 알아보겠습니다.

식사를 마치고 네 가족은 차를 마시기 위해 모두 민성이의 집으로 향합니다. 어른들은 이야기꽃이 한창입니다. 민성이와 준영이는 주사위를 가지고 놀기로 했습니다. 그런데 아빠 책상 위에 놓여 있던 주사위가 보이지가 않습니다. 민성이는 아빠가 수업에 쓰신다고 학교에 가져간 것이 기억이 났습니다. 그래서 민성이는 주사위를 만들어 보기로 했습니다. 일단 정육면체를 만들고 숫자를 적을 차례입니다. 민성이가 정육면체에 1부터 6까지의 숫자를 적어서 주사위를 만드는 경우는 모두 몇 가지일까요?

주사위는 정육면체인 입체도형입니다.

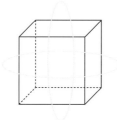

입체도형인 정육면체에 어떻게 순열을 적용해야 할까요? 일단 원순열을 이용해야 합니다. 하지만 그림처럼 정육면체에서는 2개의 원순열을 생각해 줘야 합니다. 물론 겹치는 면은 한 곳에만 넣어주면 되겠지요. 윗면과 아랫면 2개로 이루어진 방향과 옆면 4개로 이루어진 방향으로 나눠서 생각해 보겠습니다.

원순열에서 중복되는 경우가 없이 세려면, 하나를 고정시켜야 됩니다. 먼저 윗면에 숫자 하나를 고정시키면 그 윗면과 마주 보는 아랫면에 올 수 있는 수는 5가지입니다. 그럼 윗면과 아랫면은 해결되었습니다.

이때 옆면 4자리가 비어 있습니다. 이 4자리에 올 수 있는 4개의 숫자들을 나열하는 것은 어떻습니까? 바로 4개의 원순열로 배열하는 방법이지요.

따라서 $(4-1)!=6$이 됩니다. 그러므로 $5 \times 6 = 30$가지가 됩니다.

민성이는 모르고 있지만 주사위를 만들 때는 규칙이 있습니다. 마주 보는 면의 수의 합이 7이 되어야 합니다. 이것을 '주사위의 7점 원리'라고 부르기도 합니다. 그래서 1의 마주보는 면은 6, 2의 마주보는 면은 5, 3의 마주보는 면은 4가 되어야 합니다. 이 규칙대로 만들 수 있는 주사위는 모두 몇 가지나 될까요?

6개의 숫자 중에서 1, 2, 3의 3개 숫자의 자리만 정하면 나머지는 자동으로 각각의 마주 보는 면으로 정해집니다. 따라서 1, 2, 3을 3자리에 나열하는 경우만 생각해 주면 됩니다.

단, 1, 2, 3이 들어가는 면은 서로 마주 보는 면이 되어서는 안 됩니다. 그런 세 면은 한 점에서 만나게 되어 있는데 그 점을 기준으로 보면 원형으로 배열되어 있습니다.

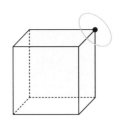

결국, 숫자 3개를 나열하는 원순열의 수와 같게 됩니다. 따라서 $(3-1)! = 2! = 2$가지가 됩니다.

주사위를 만들 수 있는 방법은 30가지나 되지만 규칙에 따라 주사위를 만들 수 있는 방법은 2가지밖에 없습니다.

굉장히 많은 사람들이 강강술래를 하는 것처럼 손을 잡고 원형으로 서 있습니다. 원형으로 서 있는 사람들이 모두 몇 명인지 세려면 혼동이 많이 옵니다. 하지만 그 사람들을 일렬로 세워 놓고 세는 것은 쉬운 일이지요.

원순열의 수를 세는 것도 마찬가지입니다. 동그랗게 그대로 두고 세지 말고 한 군데를 끊어서 일렬로 만들어 놓고 세면 쉽습니다. 여기서 한 군데를 끊는다는 의미는 한 자리를 고정시킨다는 것과 같다는 것을 잊지 마세요.

❶ 원형으로 나열하는 순열을 원순열이라 합니다.

❷ **원순열의 수**

서로 다른 n개의 원소로 만드는 원순열의 수

$$(n-1)!$$

❸ 정사각형과 직사각형으로 배열하는 순열의 수는 고정시키는 자리의 개수와 원순열의 수를 곱하여 구합니다.

NEW 수학자가 들려주는 수학 이야기 15

파스칼이 들려주는 순열 이야기

ⓒ 류송미, 2009

2판 1쇄 인쇄일 | 2025년 4월 11일
2판 1쇄 발행일 | 2025년 4월 25일

지은이 | 류송미
펴낸이 | 정은영
펴낸곳 | (주)자음과모음

출판등록 | 2001년 11월 28일 제2001-000259호
주소 | 10881 경기도 파주시 회동길 325-20
전화 | 편집부 (02)324-2347, 경영지원부 (02)325-6047
팩스 | 편집부 (02)324-2348, 경영지원부 (02)2648-1311
e-mail | jamoteen@jamobook.com

ISBN 978-89-544-5211-3 44410
ISBN 978-89-544-5196-3 (세트)